KB126616

모든 것의 시작과 끝에 대한 사색

PROBABLE IMPOSSIBILITIES

Copyright © 2021 by Alan Lightman. All rights reserved.
Korean translation copyright © 2022 by ICOMMA CO., LTD.
Korean translation rights arranged with ICM Partners through
EYA(Eric Yang Agency), Seoul.

이 책의 한국어판 저작권은 EYA(Eric Yang Agency)를 통한 ICM Partners사와의
독점계약으로 주식회사 아이콤마가 소유합니다.

저작권법에 의하여 한국 내에서 보호를 받는 저작물이므로 무단 전재와 복제를 금합니다.

무한한 우주 속 인간의 위치

모든 것의
시작과 끝에 대한
사색

앨런 라이트먼 지음

아이콤마

차례

일러두기

1. 독자의 이해를 돕기 위한 각주는 옮긴이 주이며 *로 표시하였다. 지은이의 후주는 숫자
   로 표시하였다.

2. 외국 인명, 지명 등은 외래어 표기법에 의해 표기하는 것을 원칙으로 하되 일부 통용되
   는 용어는 그에 따랐다.

3. 원어 병기를 원칙으로 하였으나, 국내 독자들에게 널리 알려진 지명이나 인명 같은 고
   유명사여서 굳이 병기의 의미가 없는 경우 예외적으로 원어를 생략하였다.

4. 일반적인 도서명은 『 』 단편적인 글이나 논문 제목, 작품명이나 방송 프로그램, 영화 제
   목은 「 」 정기간행물(신문, 잡지 등)은 〈 〉로 표기하였다.

있을 듯하지만 있을 수 없는 일들

진실이면서도 불가능한 일 하나를 이야기해 보겠습니다.

우리는 어머니 몸 안에 있는 작은 씨앗에서 탄생했습니다. 우리의 어머니도 그녀의 어머니 몸속 작은 씨앗에서 태어났지요. 그리고 그녀도 마찬가지로 그녀의 어머니로부터 탄생했습니다. 희미한 시간의 길을 따라 그렇게 계속 거슬러 올라가면, 과거 10만 년 전 아프리카의 한 동굴에 다다르게 됩니다. 그 동굴 속에는 도시나 자동차, 전기에 대해 아는 게 전혀 없는, 불가에 앉아 있는 어떤 여인이 있습니다. 그러나 그녀의 딸들을 따라 다시 시간을 타고 내려가다 보면 결국 우리에게까지 다다를 테지요. 만약 이 딸의 딸들이 각각 커다란 양피지에 먹물 묻은 엄지손가락을 하나씩 눌러 지문을 남겼다면, 오늘날 양피지 위에는 10만 년 전의 그 여인에서부터 당신에 이르기까지 수천 개의 지문이 남아 있을 것입니다.

이 이야기가 그다지 불가능해 보이지 않거나 적어도 이해할 만하다면, 더 과거로 거슬러 올라가 봅시다. 화석 동물의 DNA에 대한 현대적 분석에 따르면, 우리 인간의 선조는 원시 생물체에서 진화된 것이며, 더 나아가 원시 바닷속 소용돌이치는 단세포 생물체에서 그 진화가 시작됩니다. 생명이 없던 분자들이 무작위로 수십억 번 충돌하면서 생겨난 이 최초의 생명체는 휘몰아치는 바다로부터 에너지를 얻을 수 있었으며 계속해서 더 많은 생명체를 만들어냈지요. 그 이전의 지구에서는 메탄과 암모니아, 수증기와 질소로 이루어진 원시 지구의 공기가 뜨겁게 들끓는 화산의 머리 위를 떠다녔습니다. 그리고 그 이전에는 원시 태양계의 구름에서 가스가 소용돌이치면서 응축되었습니다.

마지막으로 이야기를 하나 더 해주겠습니다. 우리 몸을 구성하는 원자 중에서 수소와 헬륨을 제외한 다른 원자들은 모두 아주 오래전에 별에서 만들어졌습니다. 이 원자들은 별이 폭발할 때 우주로 날아갔으며, 시간이 훨씬 흐른 후에 공기와 흙, 바다로 던져졌다가 결국 우리의 몸을 구성하게 되었습니다.

그 사실을 어떻게 알았을까요? 빅뱅 이론을 뒷받침하는

증거를 통해서였습니다. 빅뱅 이론은 우리 우주가 매우 높은 밀도와 온도 상태에서 시작된 이후로 계속 팽창하면서 차가워지고 있다는 사실을 알려줍니다. t=0, 즉 시간이 시작된 그 최초의 순간, 우주는 원자가 서로 달라붙기에는 너무 뜨거웠지요. 첫 3분 동안 우주는 가장 간단한 원자핵인 수소와 헬륨이 형성될 만큼 충분히 차가워졌지만, 그 두께가 너무 빠르게 얇아져서 탄소와 산소, 질소 등 우리 몸을 이루는 원자들을 모두 만들 수는 없었습니다.

핵물리학자들의 연구에 따르면, 이 원자들은 수억 년 후 중력이 큰 가스 덩어리들이 서로를 끌어당겨 별, 즉 항성을 형성할 때 즈음에 만들어졌습니다. 그 항성들의 중심 온도와 밀도가 다시 상승하면서 핵반응이 시작되었고, 핵반응은 기존의 수소, 헬륨 원자를 다른 원자들과 융합시켰습니다. 그리고 그 몇몇 별들이 폭발하면서 새로 만들어진 원자들을 우주 공간에 흩뿌렸습니다.

우리는 망원경을 통해 폭발하는 별들을 관측하여 그 잔해들의 화학적 성분을 분석했고, 그 결과 빅뱅 이론이 사실임을 확인했습니다. 만약 몸 안에 있는 모든 원자의 시간을 역행시킨다면, 수소와 헬륨을 제외한 다른 원자들은 모두 별로 돌아갈 것입니다. 우리는 다섯 대륙이 한때 하나였다는 사실만큼이나 이 이야기를 확신하고 있습니다.

이보다는 덜 확실하나, 믿을만한 수학적 계산을 통해 그 타당성이 뒷받침되고 있는 개념이 있습니다. 바로 무한함, 즉 무한히 작은 세계와 무한히 큰 세계에 대한 개념입니다. 원자 속에 있는 끝없이 작은 존재와 우리 망원경 너머에 있는 끝없이 커다란 존재들. 상상을 통해 존재하는 이 두 개의 끝점 사이에서, 연약하고 작은 우리 인간들은 얄팍한 현실을 움켜쥐며 살고 있습니다.

무無와 무한無限 사이

일생을 사는 동안 우리는 집에서 800킬로미터 이상을 여행하는 경우가 드뭅니다. 이렇게 물리적인 세상의 제한된 여정 속에서 사람들, 집, 나무, 호수와 강, 새 소리, 구름 등 우리 주변에서 느끼고 경험하는 일들은 모두 우리의 눈과 귀를 통해 뇌로 흘러 들어가 기억으로 저장됩니다. 그러나 우리가 상상할 수 있는 것들을 생각해 봅시다. 가령, 율리시스Ulysses의 항해를 그린 호머Homer*의 서사시를 예로 들어보지요.

어느 날, 율리시스와 그의 부하들은 키가 9미터가 넘는

---

* 그리스의 극작가이며 유럽 문학의 최고 서사시로 손꼽히는 『일리아스』와 『오디세이아』를 쓴 것으로 알려져 있다. 율리시스는 『오디세이아』의 주인공이다.

거인 키클롭스에게 붙잡히게 됩니다. 이마에 눈이 하나만 달린 키클롭스는 곧장 선원 두 명을 잡아먹고 나머지는 앞으로의 식사를 위해 동굴에 가둬버립니다. 하지만 율리시스는 그곳에서 탈출하고, 다시 바다를 항해합니다. 그러다 새의 몸에 여성의 얼굴을 한, 아름다운 노래를 부르며 남자들을 파멸로 이끄는 괴물 사이렌의 유혹을 견디기 위해 뱃머리에 자기 자신을 꽁꽁 묶습니다.

이 외에도 살바도르 달리Salvador Dalí의 유명한 그림 「기억의 지속The Persistence of Memory」을 떠올려 봅시다. 고무 같은 시계가 햇빛에 녹는 피자처럼 나뭇가지와 테이블 위에 늘어져 있습니다. 그의 그림에서는 날개 달린 말과 금이 흐르는 강, 나무로 만든 꼭두각시 인형들이 살아 움직입니다. 이처럼 인간의 내면에는 우리가 소소하게 보고 경험한 일들을 결합하여, 이전에는 볼 수 없었고 심지어 존재하지도 않았던 기상천외한 환영들을 창조해 내는 힘이 숨어 있습니다.

예술 작품 속 상상력은 친숙하게 느껴집니다. 반면에 과학 속의 상상력은 낯섭니다. 그러나 알고 보면 숨 막힐 정도로 대담하고 빈번하게 상상하고 또 그것을 검증하는 분야가 바로 과학입니다.

제임스 클러크 맥스웰James Clerk Maxwell은 자신의 방정식이 남긴 논리적 흔적을 따라, X선이나 눈에 보이지 않는 전파와 같은 전자기 에너지의 파장이 우주를 통과하는 모습을 상상했습니다. 아인슈타인의 경우에는 서로 다른 속도로 똑딱이며 움직이는 시계들을 떠올렸지요. 물론 그런 터무니없는 현상을 실제로 관찰한 적은 없습니다. (이 현상을 측정하기 위해서는 극도로 민감한 기구나 빛의 속도에 가까운 상대속도가 필요함)

고대 그리스인들은 보이지 않는 원자, 즉 너무 작아서 볼 수도 없고, 파괴도 할 수 없으며, 나눌 수도 없는 물질과 그 세계를 구성하는 요소들이라는 획기적인 상상력으로 과학적 가설을 세웠습니다. 그리고 그로부터 2000년 후, 블레즈 파스칼Blaise Pascal이라는 이름의 프랑스인은 이보다 훨씬 더 많은 것을 상상했지요. 수학자이자 물리학자이며, 발명가이자 수필가, 신학자이기도 한 파스칼은 무한히 작고 무한히 큰 사물의 존재를 추측했습니다. 파스칼의 『팡세Pensées』를 보면 다음과 같은 구절이 나옵니다.

눈에 보이는 모든 세계는 자연의 거대한 품에서 지각할 수조차 없는 한 점일 뿐이다. (…) 우리가 상상할 수 있는 공간의 끝까지 아무리 그 개념을 확대해도 소용이 없다. 사물의 실체에 비하면 우리가 만들어내는 것은 단순한 원자에 불과하다. 그것은 어디에나 중심이 있고 원주圓周는 어디에도 없는 무한한 구체球体다. (…)

무한 안에서 인간이란 무엇인가? 그러나 이처럼 놀라운 또 다른 세계를 누군가에게 알려주고 싶다면, 그에게 가장 미세한 것들을 살펴보게 하라. 작은 진드기 벌레의 작은 몸속에서 비교할 수 없을 만큼 더 작은 부분들을 분해하고 또 분해해 보게 하라. 그 마지막 것을 또 나누고 나누어서, 그가 결국 이해하는 데 필요한 힘을 모두 소진했을 때, 그 앞에 놓인 최후의 대상을 지금 우리 이야기의 대상이 되게 하라. 아마도 그는 그 대상이 자연에서 가장 작은 물체라고 생각할 것이다. 나는 그에게 새로운 심연을 보여줄 것이다. (…) 얼마 전까지만 해도 우주에서는 감지할 수도 없었던 우리 육체가 (…) 이제는 우리가 도달할 수 없는 무無에 비하면 거대한 존재, 세계, 아니 어쩌면 전체가 된 이 상황에서 그 누가 감탄하지 않을 수 있겠는가? 이러한 시각으로 자신을 바라보는 자는 두려움을 느낄 것이다. 그리고 무한과 무, 이 두 심연 사이에서 자연이 그에게 부여한 육체의 크기를 느끼며 그 경이로움에 전율할 것이다. [인간]은 자신이 만들어진 무도, 삼켜지는 무한도 모두 볼 수 없다.[1]

파스칼이 이 놀라운 구절을 썼을 당시, 조잡한 수준의 현미경이 최초로 발명된 상황이었고, 태양까지의 거리가 측정 가능한 최대 거리였습니다. 특히 별이 매달린 결정체 '천구'의 크기는 전혀 알려지지 않았지요. 불과 전기가 서로 완전히 무관했던 시대. 강제로 피를 내어 병을 고치고, 약장 안에는 수은과 비소가 가득 차 있던 그 시대에, 파리 외곽의 춥고 불빛도 희미한 집 안에서 파스칼은 무한함을 상상했습니다.

파스칼의 상상력을 사로잡은 것은 물리적 무한함뿐만이 아니었습니다. 그는 우리 인간이 '무한과 무, 이 두 심연 사이에 끼여' 자연이 준 육체에 갇힌 채 이 세상에 자기 자신을 세워놓는 방식에도 신경을 썼습니다. 몇십 년 후에 발표된 뉴턴의 글에서는 그런 인간적인 고민과 시를 찾아보기 어려웠지요.

파스칼은 사실상 휴머니스트이자 과학자인 독특한 사람이었습니다. 「신이 없는 인간의 비참함The Misery of Man Without God」과 같은 글에서처럼 (파스칼은 신앙심이 깊었음) 인간 본성을 면밀히 들여다보던 관찰자였으며, 프랑스 상류사회에서 태어난 세속적인 사람이었고, 파리의 살롱을 드나드는 손님이기도 했습니다. 그와 동시에 사영기하학˚에 중대한 영향을 끼친 수학자이자 최초의 기계 컴퓨터를 설계한 발명가였고, 확률 이론의 선구자였습니다. 압력의 단위인 파스칼Pa은 그의 이름을 따서 지어졌고, 파스칼이라는 컴퓨터 프로그래밍 언어도 있습니다. 파스칼을 르네상스의 또 다른 위대한 박식가인 레오나르도 다빈치에 비유할 수도 있습니

* 눈에 보이는 공간을 화폭에 똑같이 담기 위해 만들어진 원근법에서 발전된 기하학. 원근법에 따르면 기다란 철로 여럿을 그릴 때 철로 직선들을 한 점, 즉 소실점에서 만나도록 그리는데, 이 소실점의 개념이 들어간 기하학이 바로 사영기하학이다.

다. 그러나 다빈치조차도 무한을 고려하지 않았지요.

동시대 화가 필리프 드 샹파뉴Phillippe de Champaigne가 그린
파스칼의 유명한 초상화[2]에서 그는 창백하고 병든 피부에
분홍빛 뺨, 섬세한 콧수염과 턱수염의 흔적, 두드러지고 귀
족적인 코에 어깨까지 늘어뜨린 검은 머리를 한 채, 풀을 먹
인 흰 깃에 수놓은 듯한 녹색 블라우스를 가슴에 두른 모습
으로 고통스러워 보이는 모호한 미소를 짓고 있습니다. 마
치 신이 없는 인간의 비참함을 묵상하며 죄 많은 세상에서
최선을 다하고자 안간힘을 쓰는 것처럼 말입니다.

파스칼은 프랑스 오베르뉴에 있는 클레르몽 지역의 유
복하고 독실한 가정에서 태어났습니다. 아버지는 공무원이
자 세금 징수원이었지요. 어린 파스칼은 일찍부터 수학과
모든 것에 조예가 깊은 모습을 보여주었습니다. 아직 십 대
일 때, 그는 아버지의 세금 계산을 돕기 위해 계산기를 만들
기 시작했습니다. 50개의 시제품을 만든 후, 어린 파스칼은
오늘날 '파스칼 계산기'라고 불리는 기계를 만드는 데 성공
했습니다.

그 도구는 흡사 구리로 만든 구두 상자처럼 생겼는데, 6
개의 작은 창은 숫자를 나타내며, 그 아래에 차바퀴 모양의
금속 다이얼 6개가 있습니다. 숫자를 입력하려면 다이얼 사

이에 바늘을 옮겨놓고 해당 창에 숫자가 나타날 때까지 돌려야 하지요. 그런 다음 다이얼에 다른 숫자를 입력하면, 기어를 통해 두 숫자의 합이 다른 창에 나타납니다.

열여섯 살의 어린 파스칼은 판석 바닥에 목탄으로 그림을 그리면서 기하학을 독학했고, 곧 '파스칼의 정리'로 알려진 수학 원리를 개발했습니다. 원뿔이 있는 도형을 평면으로 잘랐을 때 형성되는 곡선인 원뿔곡선에서 임의로 점 6개를 선택하여 육각형을 만들면, 육각형 내에서 서로 마주 보는 세 쌍의 변은 하나의 직선 위에 있는 세 점(우측 그림에서 G, H, K)에서 만납니다.

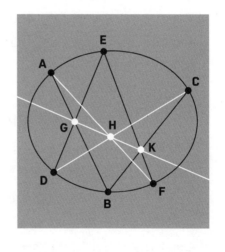

이 파스칼의 정리는 세계에서 가장 똑똑한 고등학생들이 국제수학올림피아드에서나 증명해 낼 수 있는 훌륭한 수학 이론이라고 알려져 있긴 하지만, 사실 저는 파스칼의 정리가 실제 생활에 어떻게 적용되고 있는지는 잘

모르겠습니다.

어쨌든 파스칼이 사영기하학이라고 불리는 수학의 새로운 분야를 연구하면서 무한에 대한 개념을 떠올린 것은 확실해 보입니다. 사영기하학은 바닥에 비친 물체의 그림자처럼, 다른 표면에 투영되었을 때도 그 모양이 변하지 않는 형태의 특성에 대해 다룹니다.

사영기하학의 개념 중 하나는 '무한 원점'으로, 가령 평행선이 서로 만날 듯이 좁아지는 거리를 무한 확장하는 모습을 투시도로 표현한 것입니다. 비록 실제 세상에는 무한 원점이 존재하지 않지만(더욱이 파스칼 시대의 물리적 세상에 관한 지식에는 당연히 없었겠지만), 그래도 상상 속에서는 가능합니다.

1650년에 아버지가 세상을 떠난 후, 많은 돈을 물려받은 파스칼은 그의 재산에 걸맞게 계속해서 사회 최상류층 사람들과 어울려 다녔습니다. 한동안 그는 말 여섯 마리가 끄는 마차를 타고 다니기도 했지요. 화려한 사교계 속에서 파리의 여러 살롱에 다니던 파스칼은 세상에 대해 잘 아는 사람이었습니다. 하지만 역설적이게도, 그는 당시 네덜란드 이프르의 주교 코르넬리우스 얀센Cornelius Jansen의 이름을 딴 얀센교로 알려진 금욕 종교 종파에도 소속되어 있었지요. 얀센주의자들은 청교도들만큼이나 엄격했고, 원죄, 인간의 타락, 그리고 예정설에 사로잡혀 있었습니다. T. S. 엘리엇T. S. Eliot은 파스칼을 '고행자들 사이에선 천하의 세속주의자이고[3], 세상 사람들 사이에서는 천하의 금욕주의자이며, 세속주의에 대한 지식과 금욕에 대한 열정을 모두 가지고 있고, 두 사람이 하나의 개인이자 전체로 융합되어 있는 인물'로 묘사했습니다.

파스칼은 과학적인 작품 외에도 신학과 철학에 관한 단편집, 『팡세』(생각)로도 유명합니다. 팡세는 당대의 지식인들에 대해 평가하며, 당시 사람들에게 영향을 끼쳤으나 결국 끝까지 완성되지 못했지요.[**]

파스칼은 평생 병약하게 살다가 1662년 8월에 사망했는데, 위암 때문인 것으로 보입니다. 말년에 그는 "기독교인에게 아픔이란 자연스러운 일이다.[4] (…) 한 시간 동안 고통 속에 있다 보면 모든 철학자의 지혜보다 더 많은 것을 배우게 된다"라고 말하기도 했습니다.

제가 블레즈 파스칼에 대해 가장 흥미로워하는 부분은 무한, 즉 '무한히 작은 세계와 무한히 큰 세계에 대한 그의 상상력'과 '인간으로서 절대 이를 수 없는 세계를 맞닥뜨린

---

[*]   영국의 시인이자 작가.
[**]   『팡세』는 파스칼의 유고집으로, 그의 사망 후 편집되어 출간되었다.

인류에 대한 고찰'에 관한 것입니다. 물론 성 아우구스티누스를 비롯한 기독교의 사상가들이 신의 무한한 힘에 관해 논한 적은 있습니다. 하지만 물리적으로 엄청나게 크거나 작은 물체에 닿았던 흔적은 없었습니다. 파스칼은 분명히, 마음속으로 좁은 거리를 따라 걸으며 상상의 세계 이곳저곳을 마음껏 누비고 다녔지요.

그리고 오늘날 과학자들도 같은 일을 해냈습니다. 파스칼조차 상상할 수 없었던 물리학과 천문학에 대한 새로운 발견들을 통해 우리는 큰 세계와 작은 세계에 관한 놀랍고도 새로운 한계를 발견했습니다. 그것은 바로, 측정 도구를 개발하지 못해서 생기는 일상적인 한계가 아니라, 시간과 공간의 특성으로 인한 근본적인 한계였습니다.

먼저, 큰 세계에 대한 한계에 관해 이야기해 보겠습니다. 우주를 바라보고 있는 거대한 존재가 있다면, 그는 우주 공간을 대부분 비어 있지만 빛나는 빛의 섬인 은하들에 의해 구멍이 뚫린 광활하고도 어두운 바다라고 볼 것입니다. 우리 은하와 마찬가지로 각각의 은하는 평균적으로 약 천억 개의 별들을 포함하고 있으며 별의 약 천억 배 크기입니다. 천문학자들은 실제로 수십만 개의 은하 지름까지의 거리를 측정했는데, 이는 현실에서 가장 먼 거리로 알려진 영역입니다.

우주는 그 엄청난 거리 이상으로 확장될 수 있지만, 우리는 어떤 특별한 이유로 그 이상은 볼 수 없습니다. 1920년대 이후, 우리는 부풀고 있는 풍선 위에 그려진 점처럼 은하들이 서로 멀어지면서 우주가 팽창하고 있다는 사실을 거대한 망원경을 통해 확인해 왔습니다. 이 현상을 거꾸로 재생하면, 우주의 물질들은 과거 약 140억 년 전, 모든 것이 엄청나게 높은 밀도와 온도로 된 지역, 이른바 빅뱅의 시작점에 몰려들기 전까지 서로 부딪치게 됩니다.

우주는 무한할 수 있지만, 빅뱅 이후 빛이 이곳까지 이동할 수 있는 충분한 시간이 없었기 때문에 일정 거리 너머를 볼 수는 없습니다. 마치 우리가 광활하게 넓은 어둠의 궁전에 있는데, 꺼져 있던 샹들리에의 불이 갑자기 켜지는(빅뱅) 상황에 놓인 것처럼 말이지요.

처음 몇 분 동안은 가장 가까운 샹들리에만 보입니다. 더 멀리 있는 샹들리에의 빛이 아직 우리 눈에 도달하지 않았기 때문입니다. 시간이 지날수록, 우리는 점점 궁전의 더 멀리 있는 부분들을 보게 될 것입니다. 하지만 아무리 시간이 지나도 우리가 아직 볼 수 없는 외곽 지역이 존재하지요. 따라서 파스칼의 무한히 큰 세계를 찾는 과정에서, 우리는 우주의 유한한 나이와 빛의 유한한 속도로 인해 한계에 봉착하게 됩니다.

자, 이번에는 작은 세계의 한계입니다. 일반적으로 원자는 우주와 마찬가지로 대부분 비어 있는 공간입니다. 각각의 원자 속을 들여다보면, 그 중심에는 핵이라고 불리는 작은 덩어리가 있고, 그 핵의 주위에는 핵보다 질량이 없다 싶을 만큼 가벼운 전자들이 핵 크기의 10만 배 거리 밖에 있는 궤도를 돌고 있습니다.

이보다 더 작은 세계를 들여다볼까요? 원자핵은 양성자와 중성자로 불리는 더 작은 입자로 구성되어 있고, 분할할 수도 있습니다. 그리고 이들 각각은 쿼크quark라고 불리는 훨씬 더 작은 입자로 만들어졌으며, 1969년에 거대 입자 가속기로 처음 측정된 이 입자들의 크기는 원자보다 약 1억 배 작습니다.

그렇다면 쿼크는 이 작은 세계의 끝이자, 자연에서 가장 작은 물체일까요? 만약 파스칼이 오늘날 살아 있다면, 아니라고 했을 것입니다. 그는 단순히 쿼크를 둘로 자르고, 각각의 조각들을 또 둘로 자르고, 또 무한정 잘라내는 모습을 상상했겠지요. 그러나 이러한 파스칼식 처방을 따르게 되면 결국 또 다른 한계에 부딪히게 됩니다.

현재 우리는 중력 물리학과 양자물리학이 끔찍한 결혼으로 만나는 지점에 도달했습니다. 아인슈타인의 일반상대성이론에 의해 설명된 중력 물리학은 시간과 공간의 기하학이 질량과 에너지의 영향을 받는다는 것을 말해줍니다. 즉, 태양과 같은 무거운 천체는 볼링공으로 인해 트램펄린이 늘어나고, 또 그 밑에 있는 매트까지 누르는 현상과 같은 식으로 우주 공간을 구부리지요. 또한, 질량은 우리가 어떤 질량에 더 가까울수록 시간을 더 느리게 만듭니다.

이 결혼의 또 다른 파트너는 양자물리학입니다. 1920년대에 개발된 양자물리학은 아원자亞原子 영역˙에서 입자가 여러 곳에 동시에 존재하는 것처럼 흐릿하고, 정의되지 않은 특성을 띠는 것을 보여줍니다. '양자 중력' 이론은 아직 존재하지 않지만, 양자물리학과 중력 물리학이 합쳐질 영역의 크기는 가늠할 수 있지요.

매우 작은 이 영역의 초소형 단위는 양자물리학의 선구자인 물리학자 막스 플랑크Max Planck의 이름을 딴 '플랑크 길이'로 불립니다. 플랑크 길이는 10^{-33}센티미터로, 쿼크보다 1억 배나 작은 크기입니다. 우리가 말하는 이 극소 크기를 시각화해 보자면, 원자핵보다 크기가 작은 플랑크 길이와 원자핵의 비율은 원자핵과 미국 로드아일랜드 주˙˙의 비율과 거의 같습니다. 실제로 존재하는 이 지극히 작은 것들에 대

˙ 원자를 구성하는 입자들이 운동하고 있는 영역. 아원자 입자는 전자나 양성자 등과 같은 원자를 구성하는 더 작은 입자들을 의미한다.
˙˙ 약 4,000제곱킬로미터.

해 우리가 나눌 말이 있다는 사실이 신기할 따름입니다.

양자물리학의 애매하고 정의되지 않은 특성 때문에, 플랑크 길이만큼 미세한 치수에서 시공간이 뒤틀리고, 두 지점 사이의 거리가 순간에서 순간으로 심하게 변동하며, 시간이 무작위로 빨라지거나 느려지고, 어쩌면 앞뒤로 나아가기도 합니다. 이런 상황에서 시공간은 더 이상 우리에게 의미가 있는 방식으로 존재하지 않지요. 집과 나무로 이루어진 우리의 넓은 세계에서 우리가 경험하는 매끄러운 시간과 공간의 감각은 플랑크 길이에 있는 이 극심한 울퉁불퉁함과 혼돈에서 비롯됩니다. 수천 피트 상공에서 바라본 해변의 알갱이 하나가 사라지는 것과 같은 방식으로 말입니다.

그러므로 우리가 파스칼에게 경의를 표하며 공간을 나누고 또 나누어 무한히 작은 것을 찾아 나가다가 플랑크의 환상적인 세계에 도착하고 나면, 공간은 이제 아무런 의미도 갖지 않게 됩니다. 무한히 작은 세계를 탐구하는 대신, 질문할 때 사용했던 단어를 무효로 만들어버리게 되는 것입니다. 공간은 고대의 유리 직공에 의해 옅게 흩어지다가, 너무 옅어져서 없어져 버립니다. 플랑크의 세계는 환영의 세계입니다. '시간'도 없고 '공간'도 없는 세상. 파스칼이 제안한 것처럼, 우리는 무와 무한 사이의 심연에 있는 우리 자신을 발견하게 됩니다. 그럼으로써 우리는 관찰할 수 있는 가장 작고, 가장 큰 것에 대한 한계를 발견합니다. 파스칼 이후 2세기 반의 시간이 흐르는 동안 밝혀진 과학으로 인해 강요된 한계인 셈입니다.

오늘날의 과학자, 특히 물리학자들의 상상력은 실험의 가능성을 훨씬 뛰어넘는 지경에 이르렀습니다. 물리학자들은 자연의 가장 작은 원소가 전자와 같은 입자가 아니라 플랑크 길이의 극히 작은 1차원적인 '끈' 에너지, 즉 지구보다 큰 입자 가속기를 돌려야 관찰할 수 있는 크기의 에너지라는 가설을 세워왔습니다. 또한, 무한한 범위의 다른 우주들의 존재에 대해서도 추측해 왔는데, 그것은 결코 우리 우주와 접촉할 수 없기에 확인 불가능합니다.

우주학자들은 우리 우주의 기원에 대한 이론을 정립해 왔습니다. 시공간은 빅뱅에서 시작된 것일까, 아니면 그 이전에도 양자의 안개 속에서 존재했을까? 이러한 질문에 대답할 수 있는 이론은 다양하지만, 설령 어떤 이론이 옳은지는 결코 알 수 없을 것입니다.

요약하자면, 파스칼의 두 무한에 많은 디테일을 더하고, 그의 상상력을 더 발전된 상상력으로 수놓았지만, 여전히 우리는 확증과 달리 가상의 영역에 있는 자신을 발견하게 됩니다. 그리고 아마도 그곳에서 오랫동안, 어쩌면 무한의 시간 동안 머물게 될지도 모릅니다.

과학계의 위대한 철학자 칼 포퍼Karl Popper는 "한 명제가 거짓이 될 수 없다면, 그것은 과학적이지 않다"라고 말한 적이 있습니다. 누군가 그 명제가 틀렸음을 증명하는 실험을 하지 못한다면, 그것은 과학이 아니라는 말입니다. 역사의 어느 순간에서든 우리가 지지하는 과학 이론과 사상은 위조되지 않은 것들입니다. 우리가 무한히 작은 세계와 무한히 큰 세계를 실험해 볼 수 없다면, 아마도 이러한 개념은 결국 과학적이지 않은 개념일 것입니다. 하지만 상상의 영역에서의 무한은 매우 활발하게 활동하고 있군요.

마지막으로, 저는 파스칼이 팡세에서 쓴 구절, 즉 물리적 측면과 철학적 측면 그리고 심리학적 측면에서 인간의 소명을 되짚어 보고 싶습니다. 파스칼은 우주는 크고 작은 무한대로 확장된다고 말했습니다. 하지만 그가 언급한 내용은 인간의 관점에서 본 우주적 규모였습니다.

첫째로, 무한히 큰 것에 대해서는 "무한함 안에서 인간이란 무엇인가?"라고 말했고, 무한히 작은 것에 대해서는 "얼마 전까지만 해도 우주에서는 감지할 수도 없었던 우리 육체가 (⋯) 이제는 우리가 도달할 수 없는 무無에 비하면 거대한 존재, 세계, 아니 어쩌면 전체가 된 이 상황에서 그 누가 감탄하지 않을 수 있겠는가?" 인간은 "무한과 무, 이 두 심연 사이에서 자연이 그에게 부여한 육체를" 가지고 있다고 했습니다.

이제 우리는 사물의 크기에 대한 현대 지식을 이용하여, 우주의 위계 속에서 인간이 어느 위치에 있는지를 매우 구체적으로 말할 수 있습니다. 인간이 원자 크기(20세기까지 알려지지 않은 크기)에 도달하려면 인체를 몇 번이나[5] 반으로 줄여야 할까요? 정답은 30번입니다. 반대편으로 가서, 인간이 별의 크기(파스칼이 알고 있는 가장 큰 물체인 태양과 같은 전형적인 별)에 도달하려면 인체를 두 배씩 몇 번이나 키워야 하는지도 물을 수 있습니다. 정답은 33번입니다. 따라서 두 배씩 줄이거나 키울 경우, 인간의 크기는 원자와 별 사이의 거의 절반 크기에 해당합니다.

물론 이들은 무한하게 작거나 큰 것이 아닌, 자연계의 극히 작은 것과 극히 거대한 것이라고 할 수 있습니다. 따라서 파스칼은 오늘날 우리가 아는 우주에 관한 지식을 갖고 있진 않았지만, 적어도 물리적으로 우리 인간이 실제로 매우 큰 것과 작은 것의 사이에 있다는 느낌은 갖고 있었던 것입니다.

더 흥미로운 부분은, 어쩌면 이 구절이 담고 있는 심리적이고 신학적이기까지 한 내용입니다. 그는 "이러한 시각으로 자신을 바라보는 자는 두려움을 느낄 것이다", "인간은 자신이 만들어진 무도, 삼켜지는 무한도 모두 볼 수 없다"라고 했습니다.

앞서 언급했듯이 파스칼은 그의 시대와 장소의 맥락에서도 매우 독실한 사람이었습니다. 의심할 여지 없이 이 문장들에서 파스칼은 신의 신성한 경지에서 인간의 하찮음과 한계를 언급하고 있었지요. 여기서 '무'는 아마도 인간과 우주 전체의 창조라는 신성한 창조를 의미할 것입니다. 무와 무한을 헤아릴 수 없는 인간의 무능함은, 파스칼이 죽은 지 불과 5년 만에 출판된 존 밀턴John Milton의 『실낙원Paradise Lost』속 한 구절을 떠올리게 합니다.

작품 속에서 아담은 천사 라파엘에게 천체 역학에 대해 질문하지요. 라파엘은 아담에게 몇 가지 모호한 암시를 준 후, "그 외 나머지 일에 대해서는[6], 위대한 건축가께서 그의 비밀이 드러나고 누설되지 않도록 인간과 천사, 즉 마땅히 그를 우러러봐야 하는 모든 이로부터 그 비밀을 지혜로이 숨기고 계신다"라고 말합니다.

인류의 지식에 어떤 경계선이 있음은 분명합니다. 그러나 저는 인간이 이해하지 못하는 세계, 즉 우리의 양쪽 끝에 자리하고 있는 무한을 두려워할 것이라는 파스칼의 말에는 동의하지 않습니다. 위에서 이야기한 바와 같이 거대한 세계와 작은 세계를 탐구하는 데에는 분명히 근본적인 한계가 있으니까요. 하지만 우리가 그러한 생각을 '두려워'해야만 할까요? 우리가 이해하지 못하는 것에 대해 한탄해야만 할까요? 아인슈타인은 "신비로움이야말로 우리가 겪을 수 있는 가장 아름다운 경험[7]이다. 진정한 예술과 진실한 과학의 요람 안에는 바로 그 근본적인 감정이 들어 있다"라고 말했습니다.

아인슈타인이 말한 '신비로움'이란, 뭔가 두렵거나 초자연적인 현상을 의미한다고 생각하지 않습니다. 저는 그가 미지의 세계와 또 다른 미지의 세계 사이의 경계선에 대해 말하고 있다고 봅니다. 그 경계선 위에 서는 것은 정말 흥분되는 일이지요. 게다가 우리의 정신이 이해하는 현상과 아직 이해하지 못하는 현상에 대해 생각하는 일은 오롯이 인간만이 깊이 경험할 수 있는 일입니다.

밝혀진 일과 밝혀내지 못한 일 사이의 경계선은 고정되어 있지 않습니다. 그것은 우리가 새로운 지식을 얻어서 달라지는 이해의 반경에 따라 움직입니다. 500년 전에는 열이나 전기의 성질을 이해하지 못했습니다. 100년 전만 해도 우리는 생명체가 자손을 잉태하는 구조적 원리를 알지 못했지요. 알게 된 일과 아직 알아내지 못한 일의 경계가 끊임없이 움직이고 있습니다. 저쪽 편에는 '신비로움'이 있습니다. 그 신비로움은 우리를 계속해서 끌어당기고, 자극하며, 괴

롭히지요. 그리고 그것은 전에 없던 과학과 새로운 예술을
탄생시킵니다.

1장

무(浦)에 관하여

1931년 2월 11일 수요일[8]. 알베르트 아인슈타인Albert Einstein 은 캘리포니아주 패서디나에 있는 윌슨 산 천문대Mount Wilson Observatory의 작은 도서관에서 미국 과학자들 여럿과 함께 한 시간이 넘는 토론을 했다. 토론 주제는 우주론이었으며, 여기서 아인슈타인은 과학 역사상 가장 중요하게 손꼽히는 발언을 하게 되었다. 당시에 아인슈타인은 이미 오래전에 발표한 상대성이론과 중력이론으로 이미 10년 전에 노벨상을 받은 세계에서 가장 유명한 과학자였다. (그로부터 두 달 전 뉴욕에 도착했을 때 쓴 일기에다 '사진작가들이 마치 굶주린 늑대처럼[9] 나에게 달려들었다'라고 적었다.)

그 당시 아인슈타인은 과거의 아리스토텔레스나 뉴턴과 마찬가지로, 우주는 영원히 고정된 채 변하지 않는, 웅장하고도 불멸하는 대성전과 같다고 수년간 주장해 왔었다. 그 말대로라면 시간이란 큰 변화 없이 무한한 과거에서 무한한 미래로 흐르는 것이었다. 그래서 아인슈타인은 러시아의 물리학자가 주장한 우주 진화론이 수학적으로는 옳으나 물리적으로는 의미가 없다고 일축했으며, 1927년에 벨기에의 저명한 과학자[10]가 우주는 풍선이 부풀어 오르듯 팽창하고 있다고 제안했을 때도 그 가설이 '역겹다'[11]고 말하기까지 했다.*

그러나 최근에 이 위대한 과학자는 결국 진실과 대면하게 되었다. 멀리 떨어진 은하가 빠르게 움직이고 있다는 가설이 망원경 관측을 통해 증명된 것이다.** 어쩌면 정적 우주에 관한 그의 수학적 모델은, 마치 점 위에서 균형을 잡으며 서 있는 연필과 같았다는 말이 더 설득력 있는 설명일 것이다. 살짝 건드리기만 해도 움직이는 연필 말이다.

패서디나에 도착했을 당시, 아인슈타인은 이미 우주의 움직임을 인정할 마음의 준비가 되어 있었다. 강한 독일식 억양으로, 그는 양복을 갖춰 입고 넥타이를 맨 채 경청하고

---

*　1922년에 러시아의 과학자 알렉산드르 프리드만Alexander Friedmann이 처음으로 우주 팽창설을 주장하였고, 1927년에는 벨기에의 물리학자이자 가톨릭 신부였던 조르주 르메트르Georges Lemaître가 최초로 빅뱅 이론을 발표하였다.

**　1929년 허블 망원경 관측을 통해 처음으로 확인되었다.

있던 주위 사람들에게, 망원경에 포착된 은하의 움직임이 "마치 망치로 가격하듯 나의 오래된 건축물을 부수었다[12]"라고 말했다. 그런 다음 그는 그 점을 강조하기 위해 손을 아래로 휘둘렀다. 망치 타격의 파편 속에서 떠오른 것은 바로 빅뱅 우주론이었다. 우주는 정적이거나 영원하지 않았다. 오히려 140억 년 전에 '시작'되었고, 그 이후로 계속 팽창하고 있다. 현재 데이터에 의하면, 우리 우주는 앞으로 계속해서 팽창할 것이다.

캘리포니아공과대학교California Institute of Technology(칼텍Caltech)의 물리학과 교수인 숀 캐럴Sean Carroll은 빅뱅 우주론자다. 하지만 그에 앞서, 자칭 '양자 우주론자'라고 부르는 물리학자 그룹의 일원이기도 하다. 그는 우주의 맨 처음에 무슨 일이 일어났는지, 혹은 그 이전에 어떤 일이 있었을지를 알고 싶어한다. 캐럴과 다른 양자 우주론자들은 빅뱅이 일어난 순간에 우주만 태어난 게 아니라 시간 그 자체도 탄생했을 거라고 믿는다. 이 이론물리학자들은 펜과 종이만으로 빅뱅 전에도 무언가가 존재했는지, 존재했다면 그것이 무엇인지, 시간의 실제 시작점이 있는지, 그리고 어째서 우리는 과거를 통해 미래를 알 수 있는지를 연구하고 있다.

물리학에서 최근 들어서야 진지하게 제기되고 있는 이 기본적인 질문들은, 자신이 존재하는 증거에 관해 의문을 던졌던 데카르트Descartes*의 질문과 비슷하다고 볼 수 있다. 이러한 질문은 우리 인간, 그리고 우주가 '무'에서 탄생했다는 파스칼의 의견과도 관련이 있다. 현대 우주론자들에 의하면, 관찰 가능한 우주 전체는 한때 미세한 크기에 불과했다. 따라서 그가 말하는 '무', 즉 무한히 작음에 관한 개념은 우리 우주의 기원과도 관련되어 있을 것이다.

양자 우주론은 추측을 기반으로 하는 분야다. 예를 들어, 우주의 탄생은 한순간에 일어난 사건이지만 그 장면을 목격한 이는 없다. 그러나 더 중요한 사실은, 태초에 관해 이해하기 위해서는 가공할 만큼 높은 밀도의 물질과 에너지의 중력, 즉 앞 장에서 다루었던 양자 중력에 관한 지식이 필요하다는 것이다.

물리학자들은 현재 관측 가능한 우주 전체의 크기가 이 양자 시기quantum era에는[13] 단일 원자 하나보다 훨씬 더 작았을 거라고 믿는다. 대략 수십억에 수십억을 곱하고 수백만을 더 곱한 배수만큼 작았을 것이다(우주가 이때 인플레이션 시기를 겪었을 것으로 추정됨). 게다가 그 온도는 수십억을 세 번 곱하고 거기에 수백만을 더 곱한 값만큼 높고 뜨거웠을

---

* 프랑스의 철학자이자 수학자로, '나는 생각한다. 그러므로 나는 존재한다'라는 유명한 명제를 내놓은 근세 철학의 창시자.

것이다. 시간과 공간도 부글부글 끓고 있는 물처럼 서로 엉키고 설켜 있었을 것이다.

물론 그 모든 것을 상상하기란 불가능하다. 그러나 이론물리학자들은 당시 상황에 관하여 펜과 종이, 그리고 수학을 이용해 추측해 보려 노력한다. 어쩌면 우리가 알고 있는 대로, 시간은 그 기막히게 높은 밀도의 덩어리에서 생겨났을 수도 있다. 하지만 또 어쩌면 시간은 이미 그 이전부터 존재했으며, 빅뱅 때 나타난 것은 미래 방향으로 달려가는 시간의 화살에 불과한 것일 수도 있다.

물리학자들은 향후 50년 이내에 끈 이론*이나 다른 새로운 이론 연구를 통해 우주의 시작에 관한 설명과 함께 양자중력을 제대로 이해할 수 있기를 기대하고 있다. 그때까지는 스티븐 호킹Stephen Hawking과 안드레이 린데Andrei Linde, 알렉산더 빌렌킨Alexander Vilenkin 등 우주 탄생에 관해 서로 다른 가설을 세워 토론을 나누었던 물리학계 거장들의 연구물에 의존하는 수밖에 없다. 이 분야는 아주 좁지만, 용기 있는 자만을 위한 세계다. 캐럴 박사는 그 매력적인 세계에 대해 내게 이렇게 설명해 주었다. "위험부담이 높을수록 얻는 게 많

---

* 세계를 구성하는 가장 작은 입자가 점 입자가 아닌 '끈'이라는 가설로 세워진 물리학 이론.

습니다.[14]" 즉, 우리가 어려움을 감수해야 한다는 것.

내가 스카이프Skype*에서 숀 캐럴 박사를 만났을 때, 그는 후드티에 청바지를 입은 채, 로스앤젤레스에 있는 자택의 편안한 서재에 앉아 있었다. 반면 내가 있던 곳은 메사추세츠 콩코드로 사람이 살기 어려운 우리 집 객실이었는데, 은하의 규모로 따지면 바로 옆방에 있었던 셈이다. 캐럴은 느긋한 모습으로 그가 좋아하는 주제에 관해 이야기했다. 단단한 가슴, 붉은 머리칼과 생기 있는 볼, 장난꾸러기 같은 눈빛을 가진 마흔아홉 살의 그는 저명한 물리학자이자 명쾌한 과학 해설가였다. 「시간이 정말 존재한다면?What If Time Really Exists?[15]」이라는 제목의 과학 논문뿐 아니라, 『영원에서 지상으로: 시간의 궁극적 이론에 대한 탐구From Eternity to Here: The Quest for the Ultimate Theory of Time』와 같은 유명한 책을 집필했다. 파르메니데스Parmenides와 헤라클레이토스Heraclitus 같은 고대 그리스 철학자들의 말을 인용하기도 했다.

캐럴은 우주의 질서와 상대적 매끈함smoothness**에 매료되어 있었다. 물리학에서 질서는 정확한 뜻을 지닌다. 정량화

---

* 온라인 화상 회의 소프트웨어.

** 우주 내 물질들이나 시공간의 기하학적 구조가 균일하게 분포되어 있다는 개념.

도 가능하다. 그런데 물리학에서는 질서보다 무질서의 상태를 발견할 가능성이 더 높다. 마치 카드 한 벌을 마구 섞어 놓고 나면, 카드 여러 장을 집었을 때 순서대로 이어진 카드보다 순서가 뒤섞인 카드를 집을 가능성이 더 큰 것처럼 말이다.

이러한 가능성을 우주의 규모에 대입해 보면, 물리학자들이 제시하는 관측 가능한 우주의 수많은 물질을 보면서 우리는 우주가 실제보다 훨씬 더 무질서하고 울퉁불퉁할 것이라 예상하게 된다. 더 정확히 말해서, 우리가 볼 수 있는 우주에는 천억 개에 달하는 은하들이 존재한다.

그들을 충분히 넓은 공간에서 보면 멀리 있는 자갈빛 해변처럼 매끄럽게 보인다. 우주 속의 한 커다란 공간이 또 다른 커다란 공간과 비슷하게 보이는 것이다. 하지만 물리학자들의 말에 따르면, 보통 우리가 우주를 관측할 때는 우주 물질들이 균일하게 펼쳐져 있는 모습보다는, 같은 물질들이 매우 적은 수의 초대형 은하나 거대 은하단, 또는 거대질량 블랙홀에 뭉쳐져 있는 모습을 관측할 가능성이 훨씬 더 크다고 한다. 해변의 바위 속에 뭉쳐져 있는 모래들처럼 말이다.

관측 가능한 우주에서는 매끈함이 불가능하다는 것, 이것은 결론적으로 빅뱅 직후에는 우주가 비정상적으로 정돈된 상태였음을 암시한다. 그 이유는 모른다. 하지만 단서는 있다. 확고한 우주학적 견해를 가진 캐럴은 내게 이렇게 말했다. "나는 초기 우주의 낮은 엔트로피(다시 말해, 질서와 매끈함이 높은 상태)야말로[16] 우리가 풀어야 할 숙제라고 확신합니다. 규모가 더 큰 우주학자 단체들은 이 문제에 대해 충분히 진지하게 생각하는 것 같지 않지만요. 이러한 오해를 통해 우리는 새로운 돌파구를 찾을 기회를 얻습니다."

캐럴과 그의 동료 물리학자들은 우주의 질서가 시간의 '화살'과 깊은 상관관계가 있다고 믿고 있다. 특히, 질서가 무질서해지는 움직임을 통해 시간이 나아가는 방향이 결정된다고 본다. 이를테면, 우리 눈에는 테이블에서 떨어진 유리잔이 깨져서 바닥에 유리가 흩어지는 영화 속 장면이 자연스러워 보인다. 만약 바닥에 흩어져 있던 유리들이 다시 하나의 유리잔으로 뭉쳐져 테이블 가장자리에 놓인다면, 아마 우리는 영화가 시간을 거꾸로 돌리는 장면을 보여주고 있다고 생각할 것이다.

그와 마찬가지로, 깨끗했던 방을 그대로 둔 채 시간이 지나면 그 방은 더러워진다. 전보다 덜 깨끗해지는 것이다. 우리가 '미래'라고 부르는 것은 더 엉망이 된 상태를 말한다. 그리고 우리가 '과거'라고 부르는 것은 더 정돈된 상태를 의미한다. 이 두 개의 상태를 쉽게 구분할 수 있는 우리의 능력을 통해, 우리는 이 세계의 시간에 정확한 방향이 있음을 알 수 있다. (이 문제에 대해 걱정하는 사람은 이론물리학자들뿐이다.) 또한 이 개념은 넓은 우주에서도 마찬가지다. 별은 열과 빛을 방출하고, 천천히 자신의 핵연료를 꺼뜨리면서 결국엔 우주 공간을 떠다니는 차가운 먼지로 변해 버린다. 거꾸로 돌아가는 일은 절대 없다.

이 문제는 우리 우주의 비정상적인 질서 정연함에 대해 다시금 생각하게 한다. 캐럴은 메사추세츠공과대학교MIT의 선구적인 우주학자 앨런 구스Alan Guth와 함께, 아직 학계에 발표하지 않은 '두 방향의 시간Two-Headed-Time'이라는 이론을 개발했다.

이 이론에서 시간은 영원히 존재한다. 하지만 아리스토텔레스나 뉴턴, 아인슈타인의 정적인 모델과 달리, 우주가 시간에 따라 변화한다. 더 나아가 우주가 시간과 대칭으로 비례하며 진화한다. 즉, 빅뱅 이전의 우주가 빅뱅 이후의 우주와 거울을 가운데 두듯 비슷한 모습으로 변화한 것이다.

140억 년 전, 빅뱅이 일어나기까지 우주는 수축했다. 그리고 빅뱅의 순간, (과학자들은 이 순간을 t=0이라고 부른다.) 가장 작은 크기로 압축되었고, 바닥으로 떨어진 슬링키 스프링처럼 충돌과 함께 최고 압축에 도달했을 때, 다시 팽창하기 시작하면서 더욱 부피를 키워나간 것이다. 다른 양자 우주론자들도 이와 관련된 이론 모델을 제안했다. 양자물리로 인해 나타나는 피할 수 없는 무작위 변동 때문에, 수축하는 우주의 모습이 팽창하는 우주와 완벽히 같을 수는 없다. 그 때문에 물리학자 앨런 구스가 우리 우주의 수축 단계에 대해서는 관여하지 않은 것으로 보인다. 하지만 빅뱅의 이전과 이후의 우주 모습은 굉장히 비슷할 것이다.

이제 과학에서의 질서와 무질서가 어떤 의미인지 잘 알게 되었다. 다른 조건이 모두 같더라도, 공간이 넓을수록 물질들이 흩어질 공간이 많아지므로 그 공간은 더욱 무질서해진다. 마찬가지로, 좁은 공간일수록 더욱 질서가 있다. 그 결과, 캐럴과 구스가 상상한 바에 의하면 우주의 질서는 빅뱅의 순간에 최고조에 이르렀으며, 그 전후로 질서의 정도가 줄어들었다. 시간의 방향이 질서가 무질서해지는 움직임과 같다는 점을 떠올려 보자. 따라서 미래는 빅뱅을 기준으로 시간의 양방향으로 멀리 떨어져 있다. 수축하는 우주에 사는 사람은 우리와 마찬가지로 빅뱅을 과거의 사건으로 여길 것이다. 그 사람이 태어났을 때의 우주보다 죽을 때의 우주가 더 클 것이다. 우리 우주도 마찬가지다.

만일 시간을 쭉 뻗은 길이라 가정하고, 빅뱅을 그 길 위 어딘가에 움푹 팬 구덩이라고 한다면, 그 구덩이가 옆 표지판에 그려진 반대 방향의 화살표 두 개가 미래로 가는 방향을 알려줄 것이다. 그래서 '두 방향의 시간'이다. 구덩이와 아주 가까운 곳에서는, 그러니까 서로 반대 방향을 가리키는 두 개의 화살표 가운데에서는, 시간의 정확한 방향이 없다. 이 때 시간은 혼란스러울 것이다.

아원자 세계에서 본다면, 테이블에서 바닥으로 떨어져 깨져버린 유리잔의 모습만큼이나, 바닥에 흩어진 유리들이 튀어 올라 유리잔이 되는 일도 흔하게 볼 수 있을 것이다. 아무도 건드리지 않은 집이 더욱 깔끔해지는 일도 시간이 지날수록 집이 지저분해지는 일만큼 자연스러울 것이다. 이 때 아원자 세계에 사는 누군가에게는 이 모든 경우가 똑같이 당연하게 느껴질 것이다.

공상 과학 같은가? 그럴 수도 있고, 아닐 수도 있다. 맞든 틀리든, 이러한 생각들은 모두 심오한 의미를 지닌다. 캐럴은 이렇게 말했다. "과거는 기억해도 미래는 기억하지 못하는 이유가 근본적으로 빅뱅의 상태와 관련이 있음을 알게 되었을 때, 나에게 그건 정말 놀라운 깨달음의 순간이었습니다."

또 하나의 주요 가설에 따르면, 빅뱅 이전에는 우주와 시간이 존재하지 않았다. 시간은 갑자기 생겨났다. 이 가설을 지지하는 학자들은 우주가 실제로 무에서 탄생했으며, 플랑크 크기*처럼 아주 작지만 유한한 크기에서 시작하여 점점 더 커지게 되었다고 믿고 있다. 양자 중력에서는 이러한 일들이 가능하다. 하지만 빅뱅 당시에 시간은 존재하지 않았다. 우주가 가장 작은 크기였던 순간 '이전'의 시간이 존재하지 않는 것이다. 마찬가지로, 우주의 '탄생'도 존재하지 않는다. 그 탄생이라는 개념도 시간에 따른 현상을 의미하기 때문이다. 스티븐 호킹이 "우주는 창조되지도, 파괴되지도 않는다.[17] 우주는 그저 그 자리에 있을 뿐이다"라고 설명한 것처럼 말이다.

우리 인간이 가진 경험의 한계로는 이처럼 시간이 없었을 때도 우주가 존재했다는 개념을 헤아리기 어렵다. 이 개념을 설명할 만한 언어조차 마련되어 있지 않다. 우리가 말하는 거의 모든 문장에는 그저 그 이전과 이후에 관한 몇몇 생각이 들어 있을 뿐이다.

우주가 무에서 탄생했을 수도 있다는 가설을 최초로 제안한 양자 우주론자는 알렉산더 빌렌킨이다. 대학원 과정을 밟기 위해 20대 중반이었던 1976년에 미국으로 건너온 그는 현재 보스턴 근교에 있는 터프츠대학교Tufts University에서 물리학 교수로 재직 중이다.

날이 더웠던 7월의 어느 날, 내가 그의 새로운 사무실로

* 약 10^{-33}센티미터로, 우리 우주에서 측정 가능하며 유의미한 최소 단위의 길이.

찾아갔을 때, 빌렌킨은 넉넉한 검정 셔츠에 샌들을 신고 있었다. 하나 있던 창문 너머로 길 건너편에 있는 회색빛 벽돌 건물이 보였다. "경치는 예전 사무실이 더 나았어요.[18]" 그가 말했다. 아직 풀지 않은 책 상자들이 사무실 바닥 위에 쌓여 있었고, 책 선반 위에는 그의 딸이 선물했다는 아인슈타인 인형이 놓여 있었다.

빌렌킨은 미국에 오기 전에 구소련에 있는 대학원에 합격했었지만, 나중에 입학 허가를 철회당했다. 아마도 구소련 국가보안위원회KGB에 의해서였을 것으로 보인다. 그래서 동물원 야간 경비원 일을 시작했고, 그때 우주에 관해 생각할 시간을 충분히 갖게 되었다. 미국에서 우주학이 아닌 생물물리학으로 박사학위를 취득한 그는 이렇게 말했다. "우주학은 따로 공부했습니다. 당시에 우주학은 유망한 연구 분야가 아니었지요."

빌렌킨은 다른 물리학자들과 달리, 농담하는 일이 별로 없는 진지한 사람이었다. 그리고 t=0 순간의 우주에 관한 자신의 연구를 매우 심오하게 생각하고 있었다. "양자 터널quantum tunneling로 우주를 만들어내는 데 원인은 필요치 않습니다. 하지만 그곳에도 물리 법칙은 존재해야 하지요." 우리는 시간과 공간이 존재하지 않는 상황에서 '그곳'이 무얼 의미하는지에 대해 간단히 이야기를 나누었다.

또 물리 법칙은 어떻게 '그곳'에 이를 수 있었을까? 이 문제에 대해, 빌렌킨은 신이 우주를 창조하기 전에 무엇을 하고 있었는지에 대한 질문을 자주 받았다던 성 아우구스티누스St.Augustine의 말을 인용하길 좋아했다. 성 아우구스티누스는 자신의 『고백록Confessions』에서 신이 우주를 창조하면서 시간도 창조했기 때문에 '이전'은 없으며 '그때'도 없다고 답했다. 독실한 가톨릭 신자였던 블레즈 파스칼도 아우구스티누스와 같은 의견이었을 것이다. 파스칼의 '무'는 무한히 작은 것뿐 아니라 신이 우주를 창조하는 그 순간의 상태를 의미하기도 한다.

빌렌킨은 '양자 터널'에 대해 말하면서, 양자 중력에서는 산 앞에 있던 물체가 산 정상에 오르지 않고도 산을 통과하거나 갑자기 산 반대편에 나타나는 마술 같은 신기한 현상이 가능해진다고 말했다. 이러한 신비한 능력은 실험실에서 확인된 것으로, 아원자 입자들이 동시에 여러 장소에 존재하는 듯이 행동하는 현상에 따른 것이었다.

양자 터널 현상은 입자 크기의 작은 세계에서는 흔하지만, 우리 인간 세계에서는 완전히 말도 안 되는 일이다. 그 현상의 원인에 관해 설명하는 것도 무척 터무니없는 일일 것이다. 하지만 t=0에 매우 가까운 그 순간, 그 우주의 양자 시기에 우주 전체 크기는 아원자 입자만큼 작았다. 그러므로 우주 전체는 그 누구도 헤아릴 수 없는 양자 안개 속 어디선가 '갑자기' 나타난 것일 수도 있다. (따옴표를 써서 '갑자기'라고 적은 이유는 그때 시간이 존재하지 않았기 때문이다. 그런데 이 문장을 적으면서 내가 '않다'의 과거형인 '않았다'를 사용했다는 걸 지금 또 깨달았다. '지금'도 마찬가지다…)[*]

우주 전체가 아원자 입자만큼 작았으며, 양자의 신비로운 세상에 존재했었다는 말은 무엇을 의미하는 걸까? 샌타바버라Santa Barbara에 있는 캘리포니아대학교의 대표적인 양자 우주론자 제임스 하틀James Hartle은 스티븐 호킹과 함께 빅뱅 순간과 근접한 양자 시기 '속'에 있는 우주 모델을 가장 세밀하게 발전시킨 학자다. 하틀과 호킹의 방정식[**]에 의하면 시간은 어디서도 나타나지 않았다. 대신 하틀과 호킹은 양자물리를 이용하여 우주의 특정 순간들이 일어난 확률을 계산해 냈다.

하틀은 본인이 양자 이론의 전문가라 할지라도 양자물리를 우주 전체에 적용하는 일은 당혹스러울 만큼 어렵다고 말했다. "나에게도 수수께끼입니다.[19] 우주의 상태가 단 하

---

[*] 지은이는 빅뱅과 근접한 양자 시기엔 시간 자체가 존재하지 않기 때문에, 과거형도 존재할 수 없음을 설명하고 있다.

[**] 하틀-호킹 상태Hartle-Hawking State라고도 한다. 두 사람은 이 계산을 통해 그 시작과 끝이 따로 없으며, 공간적 부피는 있으나 시간적, 물리적인 경계는 없는 우주 상태에 관한 가설 이론, '우주의 무경계가설'을 제안하였다.

나뿐이라면 양자 역학은 왜 존재하는 걸까요." 다시 말해서, 우리는 한 가지 조건의 우주 속에서 살고 있는데도, 어째서 우리 우주의 조건을 대체할만한 다양한 가능성이 존재하는 것일까? 더불어, 그 다양한 가능성이 실현되고 있는 다른 우주들이 정말 어딘가에 존재하는 것일까?

양자 우주론자들은 그들의 연구로 인해 파생될 엄청난 철학적, 이론적 논란들에 관해 잘 알고 있다. 호킹이 자신의 저서 『시간의 역사A Brief History of Time』에서 언급한 대로, 자연의 법칙에 따른 우주의 진화를 허락하고, 시간의 시작과 그 작동 원리를 만들어낸 존재는 오직 신神뿐이라고 믿는 사람들이 많다. 그러나 호킹은 자신의 이론을 통해 우주가 어떻게 스스로 움직이는지 설명해 준다. 그는 우주의 '초기'에 일어난 일들을 계산할 수 있는 방식을 보여주면서, 우주가 존재하는 데 있어 우주 자체 외에 그 어떤 '초기 조건'이나 경계선 같은 추가적인 요소는 필요하지 않다고 주장했다. 양자 물리학의 단단한 법칙만으로도 충분한 것이다. 호킹은 이렇게 묻는다. "그렇다면, 창조자를 위한 자리는 어딘가?[20]" 호킹의 이론과 유사한 결론을 도출한 물리학자 로렌스 크라우스Lawrence Krauss도 저서 『무로부터의 우주A Universe From Nothing』를 통해 양자 우주론의 발전은 신이 우주 형성에 조금도 개입하지 않았음을 보여주는 것이라고 주장했다.

물론, 사람들은 양자 우주론자들 대부분이 무신론자일 거라 여긴다. 대다수 과학자와 마찬가지로 말이다. 하지만 그 대표적인 예외 인물이 바로 앨버타대학교University of Alberta 의 양자 우주론자이자 복음주의 기독교 신자인 돈 페이지 Don Page다.

페이지는 수학 계산의 달인이기도 하다. 내가 페이지와 함께 칼텍에서 물리학 전공으로 대학원 과정을 밟고 있었을 때, 그는 까다로운 물리학 문제를 풀 때마다 얇은 펜을 조용히 꺼내 들고 수학 공식들을 하나씩 하나씩 적어 내려가며 원하는 답을 얻을 때까지 연습장을 빽빽하게 채워 넣었다. 호킹 박사와 중요한 논문 작업을 함께할 때도 신神에 대한 주제가 나오면 한 발짝 뒤에 떨어져 있곤 했다. 최근에 그는 내게 이렇게 말했다. "나는 기독교인으로서[21], 우주와 만물을 창조해 낸 누군가가 우주 밖에 존재한다고 생각합니다. 신은 진정한 창조자입니다. 우주의 모든 것이 신에서 비롯되었습니다."

페이지는 숀 캐럴이 운영하는 블로그(<엉뚱한 우주The Preposterous Universe>라 불리는)의 게스트 칼럼에서도 과학자인 동시에 유신론자임을 보여주듯이 이렇게 말했다. "세상(모든 만물)에 신을 포함시키면[22], 우주에 관한 이론이 더욱 복잡해질 거라고 생각하는 사람이 있을 수 있다. 하지만 그 생각은 확실하지 않다. 어쩌면 신은 우주보다 훨씬 단순한 존재이기 때문에, 세상이 우주 그 자체보단 신에 의해 시작되었다고 봐야 세상을 더 단순하게 설명할 수 있을 것이다."

그러나 현저히 많은 대다수 양자 우주론자는 우주가 무언가로 인해 탄생했다고 생각하지 않는다. 빌렌킨이 내게 말했듯, 양자물리학을 이용하면 원인 없이 바로 우주를 만들어낼 수 있다. 양자물리의 세계에서 전자들이 별다른 이유 없이 원자의 궤도를 옮겨 다니듯이 말이다.

양자 세계에서 정확한 원인과 결과로 이루어진 현상은 없다. 오직 확률만 있을 뿐이다. 캐럴은 이렇게 말했다. "우리는 매일같이[23] 원인과 결과에 관해 이야기합니다. 하지만 그런 방식을 우주 전체에 적용해야 할 이유는 없지요. 나는 '그건 원래부터 그렇다'라고 말하는 일이 전혀 불편하지 않습니다."

원인을 고려하지 않고 어떤 사건이나 상태를 다룬다는 생각은 과학의 오랜 결실에 맹렬히 대항하는 것이다. 우리는 수십 년간 모든 현상에 대해 앞선 사건에 대한 논리적 결과로 설명해 오며 과학을 발전시켜 왔다. 그러나 페이지 박사는 방향 없이 잠시 멈춰 있는 시간에 관한 '두 방향의 시간' 모델이나, '무에서부터의 우주' 모델과 같은 우주의 탄생에 관한 이론에서는 원인과 결과를 뚜렷이 구분할 수 없다고 말한다.

페이지를 포함한 물리학자들은 우주의 탄생 직후 양자 시기의 안개 속에서 인과관계가 무의미해지는 거라면, 실재임이 분명한 빅뱅 이후 오랜 시간이 흐른 현재에 이르러서도 인과관계가 무의미해질 수 있지 않느냐고 묻는다. 이 문제에 관해 페이지는 이렇게 말했다. "우주 속에서 인과관계는[24] 필수요소가 아닙니다. 인과관계는 그저 우리의 경험에서 파생된 대략적인 개념에 불과합니다." 정확한 인과관계는 우리의 두뇌 또는 과학이 세상에서 일어나는 현상을 이해하기 위해 만들어낸 환상일지도 모른다.

이제 우리는 벽에 부딪혔다. 인과관계라는 단단한 기반에 금이 갔고, 철학과 종교, 윤리 등 다양한 개념이 조금씩 흔들리기 시작했다. 예를 들어, 인과관계를 엄격히 따지지 않으면, 우리 인간은 어떻게 결정을 내릴 수 있을까? 책임감에는 어떤 일이 벌어질까? 무언가를 결정하는 일은 무척 정교하고 복잡한 정신적 과정이다. 만일 인과관계가 그저 대략적인 개념일 뿐이라면, 어떠한 결정이 명확한 원인 없이 내려지는 등 너무 허술해지고, 그 임계점이 어디에 있는지도 알 수 없을 것이다.

양자 우주론은 우리가 별로 묻지 않는, 실재와 존재의 가장 근본적인 측면에 관한 질문들 앞으로 우리를 끌어냈다. 우리 대부분은 삶이라는 조그마한 방 안에서 편안한 시간을 보내는 것을 목표로 백 년이 될까 말까 하는 인생을 살아간다. 먹고, 자고, 일하고, 계산하며, 사랑하는 사람들 그리고 아이들과 함께 지낸다. 누군가는 도시를 세우고 또 누군가는 예술품을 만든다.

하지만 진정으로 자유로운 마음을 누리다 보면, 더 큰 의문점이 나타난다. 하늘을 보자. 저 우주는 영원히, *무한하게 계속될까?* 아니면, 유한하지만 구체의 표면처럼 경계나 한계가 없는 것일까? 둘 다 불완전하며, 불가해한 질문이다. 우리 태양과 지구는 어디에서 왔을까? 우리는 어디에서 왔을까? 곧 우리는 세상의 경험에만 의존하고 있는 인간이 얼마나 제한적인 존재인지 깨닫게 된다. 원자와 별 사이에 끼인 채, 육체적 능력을 통해 우리가 보고 느끼는 것은 광범위한 스펙트럼의 작은 일부, 실재의 얇은 단편에 불과하다.

1940년대, 미국의 심리학자 에이브러햄 매슬로Abraham Maslow는 인간 욕구단계라는 개념을 정립했다. 가장 시급한 원초적인 욕구에서 시작하여, 이전 단계를 충족한 운 좋은 이들만이 다다를 수 있는 제일 고상하고 수준 높은 욕구에 도달하면 끝나는 단계이론이었다. 이 피라미드의 맨 아래 단계는 음식과 물 등을 필요로 하는 생존에 대한 욕구다. 다음은 안전에 대한 욕구이며, 단계가 올라가면서 사랑과 소유의 욕구, 이어서 자존감의 욕구, 마지막으로 자아실현의 욕구로 이어진다.

매슬로가 제안한 단계 중 제일 꼭대기에 있는 욕구는 가능한 한 최고가 되기 위해 우리 자신을 최대한 활용하려는 욕망이다. 나는 이 피라미드의 최고층, 자아실현의 욕구 위에 한 가지 욕망을 더 얹고 싶다. 바로 상상과 탐험의 욕구다. 새로운 가능성에 관한 상상의 욕구, 우리를 둘러싼 세상을 이해하고 우리 자신의 한계를 넘어서려는 욕구다. 이 욕구야말로 마르코 폴로Marco Polo와 바스코 다가마Vasco da Gama* 그리고 아인슈타인을 이끌었던 힘이 아니었을까? 우리 개개인의 육체적 생존이나 인간관계, 자기발전을 위해서뿐 아니라, 우리가 몸담은 이 기묘한 우주에 대해 알고, 이해하기 위해 노력하는 것 말이다.

양자 우주론자들에게는 이처럼 거대한 질문에 도전코자 하는 욕구가 있어야 한다. 이 모든 것은 어떻게 시작되었을까? 우리 자신의 삶이나 우리의 공동체와 국가, 또는 지구라는 행성, 심지어 우리의 태양계를 훨씬 뛰어넘은 그 모든 것

---

* 마르코 폴로는 13세기 이탈리아 베네치아의 상인으로, 동방국가들을 여행하며 중국 원나라의 관직에도 올랐던 역사적인 여행가이며, 바스코 다가마는 포르투갈에서 인도로 가는 항로를 개척한 15세기 포르투갈의 대표적인 항해사이다.

말이다. 우주는 어떻게 시작된 걸까? 이러한 질문을 던질 수 있다는 것은 사치인 동시에 인간의 필연적 욕구이기도 하다.

무無에 관하여

●

무에서 나오는 것은 오직 무다.[25]

— 윌리엄 셰익스피어, 「리어왕King Lear」 (1606)

인간은 그를 탄생시킨 무와 그를 삼킨 무한을 목격하기에는 부족한
존재다.[26]

— 블레즈 파스칼, 「신이 없는 인간의 비참함」, 「팡세Pensées」 (1670)

이 논문에서 다루게 될 견해에 따라,[27] 우주의 절대정지 [상태]를
없애버림으로써, '발광성 에테르'가 불필요하다는 사실이 증명될
것이다.

— 알베르트 아인슈타인, 「움직이는 물체의 전기 동역학에 관하여On the
  Electrodynamics of Moving Bodies」 (1905)

우리가 존재하는 이 오묘하고 경이로운 우주를 헤아리기 위해 여러 세대에 걸쳐 고군분투했지만, 무無라는 개념만큼 풍부한 아이디어는 거의 없었다. 아리스토텔레스Aristotele가 주장한 대로, 무언가를 알기 위해서는 무언가가 아닌 것을 알아야만 한다. 이 고대 그리스 학자는 물질matter을 이해하려면 물질의 부재 혹은 '진공void'를 이해해야 한다고 말했다. 역시나, 기원전 5세기의 고대 그리스 철학자 레우키포스Leucippus도 진공이 없으면 물질이 들어갈 비어 있는 공간도 없을 것이므로, 움직임 또한 존재할 수 없다고 주장했다.

불교Buddhism에서는 자아ego를 이해하기 위해서는 공空*, 즉 자아가 없는 '비어 있는' 상태를 먼저 이해해야만 한다. 또한, 사회의 문명화 효과에 대해 이해하려면 사회로부터 동떨어진 인간들의 행동 양식에 대해 알아야만 한다. 윌리엄 골딩William Golding이 소설 『파리 대왕Lord of the Flies』에서 강렬하게 묘사한 것처럼 말이다.**

나도 아리스토텔레스의 방식에 따라,[28] 무가 아닌 것을 이야기해 보겠다. 특별한 것이나 절대적인 상태는 무가 아니다. 무의 의미는 상황에 따라 다르다. 인생의 관점에서 보

---

* 인도의 고대어인 산스크리트어로 슈니야śūnyatā라고 한다.
** 이 소설은 무인도에 불시착한 남자아이들 한 무리가 문명사회에서 떨어져 생활하게 되면서 점점 야만적이고 잔인하게 변해가는 모습을 그리고 있다.

면 무란 죽음을 의미한다. 물리학자에게는 물질과 에너지가 완전히 말소한 상태, (앞으로 알게 되겠지만, 불가능한 일이다.) 또는 시간과 공간마저 사라진 상태를 말한다. 연인들에게는 사랑하는 이가 없는 것을 뜻할 것이며, 부모에게는 아이의 부재를 의미할 것이다. 파스칼과 같은 신학자나 철학자에게 무란 한없이 작은 것인 동시에 시간도 공간도 없는 오직 신만이 아는 영역을 뜻한다.

셰익스피어의 소설에서 리어왕은 딸 코델리아에게 "무에서 나오는 것은 오직 무다"라고 했다. 자신을 향한 한없는 사랑을 표현하지 않는다면, 코델리아는 아첨을 잘하는 다른 두 언니에 비해 왕국의 재산을 거의 물려받지 못할 것이라고 말한 것이다. 이 말에서 첫 번째 '무'는 언니들의 번쩍이는 성과 달리 코델리아가 받은 작고 초라한 판잣집을 뜻하며, 두 번째 무는 코델리아가 보여준 침묵으로, 그녀의 언니들이 지나치게 아첨을 떠는 모습과 비교된다. 당연하게도, 이러한 정반대의 예시들은 무의 의미가 수많은 상황에서 굉장히 다양해질 수 있다는 사실을 보여준다.

내가 가장 뚜렷하게 무를 경험했던 순간은 내 왕국이 분열되었을 때도 아니고, 양자물리학에서의 3차원 공간의 부

---

* 극 속 문맥에 맞게 의역하면, "아무 말도 하지 않으면 아무것도 줄 수 없다"를 의미한다.

재에 대해 고뇌했을 때도 아니다. 그것은 내가 아홉 살 소년이었을 때 있었던 놀라운 경험이었다. 때는 일요일 오후. 당시 나는 테네시주 멤피스에 있던 집의 내 방에 혼자 서서 창밖의 텅 빈 거리를 보며, 아주 멀리서 희미하게 들리는 기차 소리에 귀를 기울이고 있었다. 그런데 갑자기, 내가 몸 밖에서 나 자신을 보고 있는 기분이 들었다. 그 짧았던 순간, 나는 광대한 시간의 틈새에서 찰나의 깜박임만으로 내 인생의 전부를, 이 행성의 전 생애를, 내가 존재하기 이전의 무한한 시간과 그 이후의 무한한 시간을 모두 본 듯한 감각을 느꼈다.

그 짧았던 감각 속에는 무한한 우주도 들어 있었다. 몸도 마음도 없이, 나는 태양계 너머, 심지어 은하보다 훨씬 너머에 있는 거대한 우주 공간 위에 둥둥 떠 있었고, 그 우주는 계속해서 쭉쭉 더 뻗어 나가고 있었다. 나는 자신이 아주 하찮고 조그마한 점처럼 느껴졌다. 나는 그저 나뿐 아니라 모든 생명체와 그들이 남긴 작은 흔적들조차 전혀 개의치 않는 광대한 우주의 작은 점에 불과했다.

우주는 그런 것이었다. 나는 기쁨이나 슬픔 등 어린 내가 겪었던 모든 경험과 앞으로 겪게 될 일들이 모두 이 웅장한 세계에 비하면 아무런 의미도 없음을 느꼈다. 자유와 공포를 동시에 깨달은 기분이었다. 그러자 그 순간이 끝났고, 나는 다시 몸으로 돌아왔다. 그 이상한 환각을 겪은 시간은 고작 1분 정도였으며, 이후로는 한 번도 경험하지 못했다. 비록 무는 깨달음을 비롯해 다른 모든 것을 제외한 것이라고 볼 수도 있지만, 그 깨달음은 내 어릴 적 경험의 일부였다. 내가 머리에 있는 1.3킬로그램짜리 회색 물질에 일부러 담아놓을 만한 일반적인 깨달음은 아니었지만 말이다. 그것은 다른 종류의 깨달음이었다.

나는 신앙도 없고, 초자연적인 현상을 믿는 사람도 아니다. 당시에 내가 실제로 몸을 빠져나갔다고도 생각하지 않는다. 하지만 그 짧은 시간, 나는 우리가 인생에 닻을 내리기 위해 만들어 놓았던 익숙한 주변 환경과 생각들이 완벽히 사라진 것을 경험했다. 그것은 일종의 무였다. 아마도 파스칼의 무가 아닌, 내가 개인적으로 경험한 무일 것이다.

다양한 상황에 따라 무의 의미가 달라지긴 하지만, 나는 어쩌면 당연한 사실 하나는 강조하고 싶다. 무의 모든 의미 안에는 우리가 아는 사물이나 상태에 대한 대조적 개념이 포함되어 있다는 것이다. 즉, 무는 상대적인 개념이다. 우리는 어떤 물체나, 생각, 또는 우리 존재의 상태와 관련되어 있어야만 그에 관한 생각을 할 수 있다. 이를테면, 슬픔 그 자체는 의미가 없다. 기쁨과 연관되어야만 의미가 생긴다. 가난은 생활하기 위한 최소한의 수입과 기준이 세워졌을 때

정의될 수 있다. 배부른 감각은 배고픈 감각을 알아야 그와 비교하여 느낄 수 있다.

자연에서는 나란한 조건에 놓인 *차이*가 있어야만 어떤 일이 일어난다. 비행기의 경우 양쪽 날개의 위아래로 기압의 차이가 있어야만 떠 있을 수 있다. 기압 차가 없어진다면 기압이 얼마이건 간에 그 비행기는 날 수 없다. 증기 엔진은 열을 내는 보일러와 주변 장치 간의 온도 차에 의해 구동된다. 만약 온도가 같아지면 온도 값에 상관없이 그 엔진은 멈추고 말 것이다. 저 사람은 키가 큰가, 무거운가, 아니면 똑똑한가? 무엇에 비해 키가 큰가? 무엇과 비교해 똑똑한가? 절대적 가치는 의미가 없다. 이와 마찬가지로, 무 또한 무언가와 비교했을 때에만 의미가 생긴다.

내가 처음으로 과학의 물리적인 세계에서 무를 경험한 것은 칼텍에서 이론물리 전공의 대학원 과정 학생일 때였다. 2학년 때 나는 양자장론Quantum Field Theory이라는 이름을 가진 어마어마하게 어려운 수업을 들었다. 우주 전체가 어떻게 다양한 '에너지장'으로 채워졌는지를 다루는 수업이었다.

에너지장에는 중력장과 전기장, 자기장 등 여러 종류가 있다. 우리는 그 기초 에너지장들이 들뜬 상태excitation가 되면, 그것을 물리적 '물질'로 간주한다. 여기서 중요한 점은, 양자물리학의 법칙에 따르면 에너지장들이 모두 조금씩 떨린다는 것이다. 에너지장이 완전히 멈춰 있는 일은 불가능하다. 게다가 이 에너지장의 떨림은 전자나 양성자와 같은 아원자 입자들이 잠시 나타났다 사라지는 원인을 제공한다. 그곳에 어떤 지속적인 물질이 존재하지 않는데도 말이다.

물리학자들은 그중에서도 에너지양이 가장 낮은 우주 영역을 '진공vacuum'이라고 부른다. 하지만 그 진공조차 에너지장에서 벗어날 수 없다. 에너지장은 필연적으로 온 우주 공간에 퍼져 있다. 게다가 에너지장들은 계속해서 떨리기 때문에, 계속해서 물질을 생성해 낸다. 매우 짧은 순간 존재하는 물질이라도 말이다. 따라서 현대물리학에서 '진공'은 고대 그리스 학자들이 말한 진공void과 다르다. 그들이 말한 진공은 존재하지 않는다. (파스칼이 말한 '진공'의 개념이야말로 물리학자들의 '진공'과 유사할 것이다.) 아무리 비어 있는 공간처럼 보일지라도, 우주 공간을 일일이 작게 나누어 살펴보면 그곳은 순식간에 나타났다 사라지는 아원자 크기의 입자들과 요동치는 에너지장들의 정신없는 곡예 현장인 것이

---

* 양자장론은 에너지장들이 들뜬 상태가 되어 입자로 변하는 현상을 다룬 이론이며, 이런 식으로 양자화되는 에너지장을 양자장이라고 한다.

다. 따라서 물리적인 기준에서 보면 무라는 것은 존재하지 않는다.

놀랍게도 '진공'의 활동적인 특성이 처음 관찰된 곳은 실험실이었다. 1920년대에 물리학자들은 전자(전하를 지닌 가장 작은 아원자 입자)가 작은 팽이처럼 계속해서 회전한다는 사실을 발견해 냈다. 그러나 일반 팽이와 달리 모든 전자가 똑같은 회전량을 가지고 있었다. 전하가 회전하면 자기력을 생성하기 때문에, 모든 전자는 작은 팽이일 뿐 아니라 동일한 자기력을 지닌 자석이기도 하다.

회전하는 팽이의 회전축이 중력 방향에 대해 기울어졌을 때 수직을 중심으로 세차歲差운동(느리게 회전)*하는 것처럼, 전자도 자기장의 방향에 대해 회전축이 기울어졌을 때 세차운동을 한다. 세차 속도는 높은 정확도로 측정될 수 있는데, 이 속도는 결국 전하들의 자기력에 따라 결정된다. 이때 양자 진공quantum vacuum의 역할이 생긴다. 만일 우주가 완전히 비어 있다면 전자의 자기력은 적당한 단위를 사용해 정확히 1이라고 예측할 수 있을 것이다. 하지만 양자물리 이론은 진공 내 전기장에서 광자光子, photon라는 질량이 없는 입

---

* 회전하고 있는 물체의 회전축이 그 물체의 움직이지 않는 어떤 축의 둘레를 회전하는 현상.

자들이 계속해서 만들어지고 있음을 분명하게 보여준다.

광자는 전하를 띤 모든 입자와 상호작용하며 그들의 성질을 바꿔버린다. 유령과 같은 이 광자들은 진공에서 갑자기 나타났다가, 10억 분의 10억 분의 1초쯤 되는 생애를 즐기다 다시 사라진다. 그 짧은 시간 동안, 그들은 전자들과 부딪혀 전자들의 자기력을 살짝 바꿔버린다. 실험실에서 측정한 바에 따르면, 그 자기력은 1.00115965221이 되었다. 한편, 양자 진공 이론에 따른 고도로 복잡한 수학 방정식으로 예측한 전하의 자기력은 1.00115965246이었다. 양자이론의 놀라운 검증 능력이 아닐 수 없다. 비어 있는 공간에 대해 이토록 많은 것을 이해하게 된 것은 인간의 정신이 거둔 승리다.

비어 있는 공간이라는 개념, 그리고 무는 우리가 양자 진공을 몰랐을 때조차 현대물리학에서 중요한 부분을 차지해 왔다. 19세기 중엽, 빛은 이동하는 전자기 에너지의 파동이라는 사실이 밝혀졌다. 당시에는 음파sound wave와 수면파water wave 등 모든 파동은 매질*을 필요로 한다는 통념이 지배적이었다. 여러분이 있는 방에 공기가 없다면, 아무 소리도 들을 수 없을 것이다. 그에 따라, 빛을 전달하는 매질이라고 가정

---

* 어떤 파동이나 물리적 작용을 이곳에서 저곳으로 전달해 주는 매개체.

하여 탄생한 섬세한 물질이 바로 '에테르ether'다. 우리가 먼 거리에 있는 별에서 방출된 빛을 볼 수 있으므로, 에테르는 우주 전체를 가득 채우는 것이어야 했다. 따라서 비어 있는 공간은 어디에도 없었다. 우주가 에테르로 채워져 있기 때문이다.

1887년, 현재 오하이오의 클리블랜드에 있는 케이스웨스턴리저브대학교Case Western Reserve University의 미국 물리학자 두 명이 물리학 역사상 가장 중요하게 손꼽히는 실험을 진행했다. 바로 에테르 속을 통과하는 지구의 움직임을 측정하는 실험이었다. 그리고 이 실험은 실패했다.* 아니, 실패했다기보다는, 에테르로 인한 어떤 효과도 측정하지 못했다. 1905년, 알베르트 아인슈타인이라는 이름의 26세 특허청 직원이 에테르가 존재하지 않는다는 의견을 제시했다. 그리고 빛은 다른 파동과 달리 완전히 비어 있는 공간을 이동할 거라는 가설을 제안했다. 모두 양자물리학이 나오기 전의 일이다.

에테르의 존재를 부정하고, 따라서 진정한 공허空虛를 받아들이게 된 것은 이 젊은 아인슈타인의 심오한 가설에 따

---

* 앨버트 마이컬슨Albert Michelson과 에드워드 몰리Edward Morley가 진행한 실험으로, 마이컬슨-몰리 실험이라고 한다.

른 결과였다. 그는 우주에 절대정지absolute rest 상태는 없다고
했다. 절대적인 정지가 없으면, 절대적인 움직임도 없다. 예
를 들어, 어떤 기차가 달리고 있을 때, 우리는 절대적인 감
각으로는 그 기차의 속도가 시속 80킬로미터라고 말할 수
없다. 기차역이나 다른 사물을 기준으로 했을 때만 시속 80
킬로미터로 달린다고 할 수 있다. 오직 두 물체 사이의 상대
적인 움직임만이 그 의미를 지닌다.

아인슈타인이 에테르의 존재를 없애버린 이유는 에테
르가 우주의 절대 정지라는 기준틀을 세울 수 있어서다. 만
약 우주에 에테르가 가득 차 있다면, 우리는 어떤 물체가 정
지했는지 아닌지를 말할 수 있을 것이다(에테르를 기준으로).
수면의 흐름과 비교했을 때 호수 위의 배가 멈춰 있는지 움
직이고 있는지를 알 수 있듯이 말이다. 그래서, 아인슈타인
의 연구 작업을 통해 물질이 없는 상태 또는 무에 관한 개념
을 우주에 절대적인 정지 상태가 없다는 개념과 연결하게
되었다. 그렇게 에테르의 존재를 없애버린 아인슈타인은 우
주를 텅 비어 있는 공간으로 남겨놓았다. 이후에 다른 물리
학자들이 다시 그곳을 양자 에너지장으로 채워 넣었다. 하
지만 양자 에너지장은 정적인 물질이 아니므로, 절대정지의
기준틀이 될 수 없다. 아인슈타인의 상대성원리Einstein's principle
of relativity가 살아남은 것이다.

양자장론의 개척자로 손꼽히는 전설적인 물리학자 리처드 파인만Richard Feynman은 캘리포니아공과대학교의 교수였으며, 내 박사 논문의 심사위원이기도 했다. 1940년대 말, 파인만을 비롯한 다른 학자들은 전자가 어떻게 저 진공 속의 유령 같은 광자와 상호작용을 하는지에 관한 이론을 발전시켰다. 의기양양하고 젊은 과학자였던 그는 맨해튼 프로젝트**에 참여하기도 했다.

1970년대 초반, 내가 그를 알게 되었을 무렵의 파인만은 예전보단 조금 부드러워졌지만, 여전히 언제 어디서고 기존의 지식을 뒤엎을 준비가 되어 있었다. 그는 매일 하얀 셔츠를, 오로지 새하얀 셔츠만을 입고 다녔는데, 그의 말로는 어떤 색의 바지와도 잘 어울리고 매일 옷을 고르기 위해 시간 낭비할 필요도 없기 때문이라고 했다.

게다가 철학을 굉장히 불편하게 생각했다. 매우 재치 있는 사람이었으나, 물질적인 세상에 대한 관점이 무척 명확해서 완전히 가정뿐이거나 주관적인 생각은 관심을 두지 않았다. 파인만은 양자 진공에 관해서는 몇 시간이라도 이야기할 수 있었고 정말 그렇게 하기도 했지만, 무에 관한 철학

---

* 시간과 공간은 절대적이지 않으며 관찰자에 따라 상대적이라는 내용이 포함된 이론.
** 제2차 세계대전 중, 1942년부터 1946년까지 진행되었던 미국의 원자폭탄 제조 프로젝트.

적 혹은 신학적인 고찰에는 단 1분도 낭비하지 않았다. 내가 그와 함께하며 배운 것은, 스스로 '왜?'라는 질문을 던지지 않는 사람도 위대한 과학자가 될 수 있다는 사실이다.

하지만 파인만은 인간의 정신이 그만의 세상을 창조할 수 있음을 잘 알고 있었다. 그는 1974년에 있었던 내 졸업식의 축사에서 그에 관한 이야기를 해주었다. 대단히 더웠던 5월 말의 어느 날, 당연히 야외에 앉아 있었던 우리 졸업생들은 모두 학사모와 졸업가운을 입은 채 땀을 뻘뻘 흘리고 있었다. 그 앞에 선 파인만은 우리에게 매번 과학 연구의 결과를 발표하기에 앞서서 우리가 틀렸을 만한 모든 가능성을 생각해 봐야만 한다고 지적했다. 그리고 이렇게 말했다. "첫 번째 원칙은[29] 자기 자신을 속여서는 안 된다는 것입니다. 그리고 가장 속이기 쉬운 사람은 우리 자신입니다."

워쇼스키 형제Wachowski Brothers가 만든 획기적인 영화 「매트릭스The Matrix」(1999)를 보면서 이야기에 푹 빠져 즐기고 있던 우리는, 영화 속 인물들이 경험했던 모든 현실이 사실은 인공지능 컴퓨터가 인간의 두뇌에 실행시켜 놓은 가짜 영화이자 환상이었다는 것을 깨닫게 된다. 도보 위를 걷는 사람들과 각종 건물, 식당과 클럽 등 그 도시의 모든 모습이 말이다. 실제 현실은 황폐하고 삭막한 세상이었으며, 그곳에서 인간은 혼수상태로 유선형의 좁은 공간에 갇힌 채 생명 에너지를 빼앗기며 기계들에게 동력을 공급하고 있었다. 나는 우리가 살아가며 현실이라고 부르는 것들의 많은 부분도 사실은 환상이거나 우리의 인식으로 만들어진 현실관에 불과하다고 말하고 싶다.

우리가 가진 의식을 그 첫 번째 예로 들 수 있다. 나중에 '불멸'에 관한 장에서 다루게 되겠지만, 무언가를 매우 강렬하게 감탄하며 의식한 경험은 물질세계 너머에서 발생하는 그런 초월적인 성질의 것이 아니다. 그저 우리 뇌의 신경세포 내부와 그 사이에서 전기적이고 화학적인 반응이 수조 번에 걸쳐 일어난 결과다. 인간이 만든 관습도 마찬가지다. 우리는 예술과 문화, 윤리강령과 법률을 이 장엄하고도 영속적인 존재에 맡겨놓고, 이 관습에 우리 자신을 훨씬 뛰어넘는 권한을 부여했다. 하지만 나는 그 모든 것이 우리 마음의 구조물일 뿐이라고 말하고 싶다. 개별적으로든 집단적으로든, 관습에는 우리가 허용하는 것 외에 다른 실체는 없다.

불교 신자들은 수 세기 전부터 이런 관념을 이해하고 있었다. 그것이 불교에서 말하는 공空과 무상無常의 개념 일부를 차지하고 있다. 우리가 문화와 타인을 통해 전달해 주었던 그 초월적이고, 비물질적이며, 오랫동안 지속된 모든 것은 환상에 불과하다. 컴퓨터가 지배하는 「매트릭스」의 세상처럼 말이다.

우리 인류가 인간 정신의 분야에서 비범한 성취를 이룬 것은 분명한 사실이다. 우리는 우주의 현상을 정확하게 예측할 수 있는 과학 이론을 개발해 냈다. 아름답고도 중요한 의미를 지닌 미술과 음악, 문학 작품을 탄생시켰으며, 법률과 사회 규범의 체계도 모두 갖추고 있다. 하지만 우리 정신의 바깥에서 이 모든 것들은 본질적인 가치를 잃는다. 그리고 우리의 정신은 원자들의 집합체에 불과하며, 그 원자들은 분해되고 해체될 운명을 가졌다. 우리 각자에게 그것은 모든 의식과 사고의 종말을 뜻할 것이다. 이러한 관점에서 보면, 우리 자신과 우리의 문화는 늘 무와 가까워지고 있다.

그렇다면 이렇게 정신을 일깨우는 생각들은 우리를 어디로 데려갈까? 우리가 스스로 쌓아 올린 이 한시적인 현실에서 우리는 개인으로서 그리고 하나의 사회로서 어떻게 인생을 살아야만 할까? 내 개인적인 무와 가까워지면서, 나는 이러한 질문들에 관해 꽤 자주 고민했으며 내 삶을 이끌어가기 위한 몇 가지 잠정적인 결론에 도달했다.

사람은 각자 자신을 위해 이 심오한 질문들을 고민해 보아야만 한다. 여기에 정답은 없다. 나는 우리가 하나의 사회로서, 우리가 원했던 모든 문화와 법률을 만들어낸 엄청난 힘이 우리에게 있다는 사실을 깨달아야 한다고 믿는다. 거기에 외부의 권력은 없었다. 외적인 한계도 없었다. 한계가 있다면 오직 우리 상상력의 한계뿐이었다. 따라서 우리는 우리가 누구인지, 무엇이 되고 싶은지를 폭넓게 생각하는 시간을 가져야만 한다.

우리 개개인에 대해 말하자면, 인간의 정신을 컴퓨터에 업로드할 수 있는 그때가 오기 전까진, 우리는 물리적인 육체와 두뇌에 얽매여 있을 수밖에 없다. 게다가 좋든 나쁘든 간에, 우리는 각자의 개인적 정신상태에 갇혀 있으며 거기에는 개인적인 기쁨과 고통도 포함되어 있다.

현실에 대해 어떤 개념을 가지고 있든, 우리는 의심 없이 각자만의 기쁨과 고통을 경험한다. 그리고 우리는 느낀다. 데카르트는 "나는 생각한다. 고로 존재한다"라는 명언을 남겼다. 그렇다면 우리도 이렇게 말할 수 있을 것이다. "나는 느낀다. 고로 존재한다." 여기서 내가 말하는 기쁨과 고통은 단순히 육체적인 기쁨이나 고통을 뜻하는 것이 아니다. 고대의 에피쿠로스 학파Epicureans와 마찬가지로 지적인 기쁨과 예술적인 고통, 도덕적인 기쁨과 철학적인 고통 등 모든 의미의 기쁨과 고통을 말하는 것이다. 우리가 경험하는 그 모

---

* 그리스 철학자 에피쿠로스Epicuros에 의해 창설된 학파로 쾌락주의를 강조했으며, 여기서 쾌락은 고통이 없는 상태를 의미하기 때문에 고통에 관한 폭넓은 이해를 추구하였다.

든 기쁨과 고통을 의미하며, 우리가 이러한 경험을 피하기란 불가능하다. 이들은 우리의 몸과 마음의 현실이며, 우리 내면의 현실이다.

그래서 내가 도달한 결론은, 내 기쁨을 최대화하고 내 고통을 최소화하는 방식으로 살아야겠다는 것이다. 그에 따라, 나는 맛있는 음식을 먹고, 내 가족을 부양하며, 아름다운 것들을 만들고, 나보다 운이 나빴던 사람들을 도우며 살기 위해 노력한다. 이런 일들이 내게 기쁨을 주기 때문이다. 이와 마찬가지로 나는 따분한 생활을 피하고, 엉망으로 살지 않고, 다른 사람들에게 상처를 주지 않기 위해 노력한다. 그래야만 고통을 피할 수 있기 때문이다. 이것이 내가 사는 방법이다. 나보다 훨씬 더 생각이 깊은, 가장 대표적으로 영국의 철학자 제러미 벤담Jeremy Bentham과 같은 수많은 사상가도 매우 다양한 방식을 통해 사색한 결과 동일한 결론을 내렸다.

내가 알고 느끼는 것은 내가 지금, 시간의 웅장한 흐름 속의 바로 이 순간, 여기에 있다는 사실이다. 나는 진공의 일부가 아니다. 양자 진공의 떨림도 아니다. 비록 언젠가 나를 구성하는 원자들이 흙과 공기 속에서 흩어져 버리고, 나란 존재는 결국 사라져 버릴 것을 알고 있다 해도, 나는 지금 살아 있다. 이 순간을 느끼고 있다. 책상 위에서 글을 쓰고 있는 내 손이 보인다. 창문을 가로지른 태양 빛의 따스함이 느껴진다. 그리고 밖을 내다보니, 바다로 향하는 솔잎 가득한 오솔길이 보인다.

원자

물질의 가장 작은 단위인 원자atom, 또는 '자를 수 없는'이란 뜻의 그리스어 형용사 *atomos*에 대해 처음 생각한 이들은 고대 그리스 학자들이었다. 원자는 단순히 자를 수 없기만 한 것이 아니었다. 파괴할 수도 없었다. 데모크리토스Democritus와 루크레티우스Lucretius* 의 말대로, 원자는 만들 수도, 없앨 수도 없어서 신들의 변덕으로부터 우리를 지켜주었다. 신들이야말로 원자 앞에 무릎을 꿇어야 했다. 뉴턴 또한 원자의 존재를 칭송했지만, 신에 대항하는 존재가 아닌 신이 손수 만든 작품으로서 칭송한 것이었다.

---

* 데모크리토스는 원자론을 체계화한 고대 철학자이며, 로마의 철학자이자 시인인 루크레티우스는 데모크리토스의 철학을 기반으로 『사물의 본성에 관하여De rerum natura』라는 시 형식의 저서를 남겼다.

당시에 그 누구보다 자연의 원리에 대해 가장 잘 이해했던 뉴턴은 이런 글을 남겼다. "내 생각에 신은 태초에[30] 딱딱하고, 무겁고, 단단하고, 견고하며, 움직임이 가능한 입자로 된 물질을 만들었을 것이다. 너무 단단해서 결코 마모되거나 산산조각이 날 수 없는 그런 물질을 말이다. 신이 첫 번째 창조에서 만든 그것은 일반적인 힘으로는 분리되지 않을 것이다." 물론 원자는 물질의 세계에서 궁극적으로 단일적인 존재이다. 분해할 수 없다는 점에서 완벽하며, 그 완전성과 불멸성에 있어서도 완벽한 존재이다.

　　원자는 세상을 하나로 통합한다. 나뭇잎과 인간이 동일한 원자로 이루어졌기 때문이다. 인간이나 나뭇잎을 분해해 보면 수소와 산소, 탄소와 기타 원소들을 구성하는 원자가 똑같음을 알 수 있다. 원자를 통해, 우리는 물질적인 실재를 위한 기본 토대를 갖추었다. 그 기본 토대 위에서 시스템을 구축할 수 있었으며, 원자를 제외한 나머지 세상을 조직하고 건설하였다. 루크레티우스는 이렇게 말했다. "기분 좋은 물질은[31] 매끄럽고 둥그런 원자들로 구성되어 있고, 쓰디쓴 물질은 날카롭고 가시 돋친 원자들로 이루어져 있다."

　　원자를 이용해, 우리는 원자의 특정 비율에 관한 규칙을 만들어 서로 다른 물질들을 결합할 수 있게 되었다. 영국의 화학자 존 돌턴John Dalton이 19세기 초에 발표했던 것처럼 말이다. 일산화탄소는 탄소 원자 1개와 산소 원자 1개가 결합한 것이며, 이산화탄소는 탄소 원자 1개와 산소 원자 2개가 결합한 것이다. 원자는 반으로 분리되지 않으므로, 탄소 원자는 결코 산소 원자 1.5개와 결합할 수 없다. 19세기 중엽에 드미트리 멘델레예프Dmitri Mendeleev가 그랬듯, 우리는 원자를 이용해 화학 원소의 비율도 예측할 수 있게 되었다.

파스칼의 생각과 달리, 원자는 우리가 더 작고 작은 현실의 방으로 추락하지 않도록 막아준다. 우리가 원자에 다다르면, 생각이 거기에 미치면, 우리의 추락은 정지한다. 우리는 붙잡힌다. 그리고 안전해진다. 그곳에서부터 우리는 다시 모험을 향해 날아오르며, 나머지 세상을 만들어 나가기 시작한다.

원자의 존재를 추측했던 건 약 2천 년 전부터였지만, 원자의 크기는 알베르트 아인슈타인이 논문을 발표했던 기적의 해, 1905년이 되어서야 알게 되었다. 상대성이론, 빛의 입자성 등 그 당시 아인슈타인이 연구하던 수많은 연구 주제 중 하나는 액체 속에 떠 있는 미세한 입자의 빠르고 혼란스러운 움직임에 관한 내용이었다. 이 움직임은 물에 떠 있

---

* 화학적 원자설의 창시자로, 1808년에 원자설에 관한 논문을 발표하였으며, 그에 앞선 1803년에는 오늘날 '배수비례의 법칙Law of multiple proportion'으로 알려진 원소의 화학적 결합 법칙을 제창하였다.

는 꽃가루의 불규칙적인 운동에 대해 1827년에 처음으로 논문 발표를 했던 식물학자 로버트 브라운Robert Brown의 이름을 따서 브라운 운동Brownian Motion이라고 명명되었다. 아인슈타인은 입자들의 떨림 운동이 물 분자와의 충돌 때문이라고 설명했다. 그리고 꽃가루 한 알이 물 분자 하나와 어떤 세기로 얼마나 자주 충돌하는지를 계산하여 실제로 관측된 움직임과 그 결과를 비교해 보았다. 이로써 아인슈타인은 물 분자의 크기와 질량을 알게 되었으며, 물 분자를 구성하는 수소와 산소 원자의 크기와 질량까지 파악할 수 있었다.

미국 물리학회American Institue of Physics가 운영하는 홈페이지에 들어가 보면,[32] 1897년에 전자를 발견한 조지프 존 톰슨Joseph John Thomson의 목소리를 들을 수 있다. 전자는 원자에 가해진 첫 번째 공격이었다. 오랜 기간 케임브리지대학교 캐번디시Cavendish 연구소의 실험물리학과 교수로 일했던 톰슨은, 목소리를 녹음했던 1934년 당시 나이가 78세였다. 녹음된 목소리가 잡음으로 지직거리지만, 그 내용만큼은 정확하다. "수소 원자 질량에 비해 너무나도 작은 질량을 가진 이 조그만 물질을 처음 발견했을 때보다 더 비현실적으로 느껴지는 일이 또 있을까?"

정말 비현실적인 일이다! 하지만 지금은 현실성을 따질

때가 아니다. 우리가 이야기하고 있는 것은 생각의 혁명이자, 통일성과 불가분성不可分性이라는 견고한 성에 가해진 폭격에 관한 것이다. 당시 톰슨의 사진을 보면, 그는 매우 진지한 표정을 짓고 있으며, 앞이마가 훤히 드러난 채 팔자 콧수염을 달고 안경을 쓴, 옷깃에 풀을 먹인 단정한 차림으로, 두 손을 꽉 마주 잡고 꼿꼿한 자세로 카메라를 응시하고 있다. 마치 지난 2천 년의 역사를 바라보고 있는 듯하다. 사과도 없이 말이다. 그의 눈빛이 이렇게 말하고 있는 것 같다. "언제고 일어날 일이었습니다. 그러니 어른답게 기운 차리고 받아들이십시오."

톰슨은 전기력과 자기력에 의해 전하를 띤 입자들의 흐름 경로가 휘어지는 현상을 측정하다가 전자를 발견했다. 이 실험을 위해 그와 동료들은 유리관에서 공기를 모두 빼내어, 입자들을 통과시킬 '진공관'을 잘 만들어야 했다. 공기가 있으면, 연구진이 관측해야 할 작은 입자들의 미세한 궤적을 공기 분자들이 방해하기 때문이다.

나는 이 진공관이 정말 대단한 장치라고 생각한다. 내가 대학생이었을 때, 잠시 실험물리학 수업을 들으면서 이 진공관을 사용해 본 적이 있다. 처음에 진공관을 작동시키면 기관차가 칙칙거리는 소리처럼 거칠고 뭔가 갈리는 듯한 소리가 나기 시작한다. 그리고 점점 속도가 빨라지면서 딸깍

거리며 끽끽 우는 소리가 들리더니, 이내 진공관에 진공 상태가 잘 이루어지면 웅웅거리는 부드러운 소리로 변하면서 끝이 난다. 관 안이 완벽하게 진공 상태가 되면, 그 시끄러운 기관차 소리는 더는 나지 않는다.

진공관 안에서 전하 입자들이 휘어지는 정도를 통해 입자의 질량과 전하량의 비율을 알 수 있다. 이전의 실험에서 톰슨과 그의 동료들은 이미 다양한 원자 중에서 가장 가벼운 수소 원자의 질량과 전하량의 비율을 알아냈었다. 톰슨이 이 특별한 입자, 즉 전자에 관해 (그는 '미립자corpuscles'라고 불렀고, 금속을 가열시켜 만들 수 있었다.) 알게 된 사실은 전자의 질량과 전하량의 비율이 수소 원자의 질량과 전하량의 비율보다 약 1,800배는 더 크다는 것이었다. 같은 전하량을 기준으로 보면, 전자의 질량이 수소 원자의 질량보다 1,800배 작다는 것을 의미한다. 결론적으로, 이 입자들이 원자보다 훨씬 더 작다. (위에 언급했다시피 1905년이 되어서야 원자의 질량을 알게 되었지만 말이다.) 물질의 가장 작은 단위는 원자가 아니었다.

톰슨이 영국에서 전자를 발견하는 동안, 앙투안 베크렐 Antoine Henri Becquerel과 마리 퀴리가 프랑스에서 원자 붕괴 현상을 밝혀냈으며, 퀴리 부인에 의해 명명된 '방사능'을 발견했다. 베크렐은 당시에 새롭게 발견된 신비로운 복사선, 즉 X

선이 햇빛의 흡수로 인한 결과라고 믿었다.[*] 그리고 결국, 사진건판[**]을 이용해 우라늄 X선을 검출했다. 그가 실험을 진행했던 1896년 2월 26일, 파리의 하늘은 구름으로 가득했다. 그의 실험 대상인 우라늄은 그 어떤 강렬한 햇빛도 흡수하지 않는 물질이었다. 그런데 베크렐은 충동적으로 그가 가진 사진건판을 개조했고, 놀랍게도 그의 사진건판에는 우라늄이 자체적으로 방출한 어떤 복사선의 흔적이 강하게 남아 있었다. 햇빛의 도움을 받지 않았는데 말이다.

이후의 실험을 통해 베크렐은 그 복사선이 전하를 띤 어떤 종류의 입자라는 사실을 밝혀냈다. 그 입자들이 톰슨의 전자가 그랬듯, 그 흐름 경로가 자기장에 의해 휘어졌기 때문이다. 베크렐의 발견 이후, 퀴리 부인은 이 우라늄선에 관한 더 많은 연구를 진행했고, 우라늄 원자가 자기 자신을 잘게 쪼개서 밖으로 내던지고 있다는 사실을 알게 되었다. 그리고 1년 후, 퀴리는 또 다른 원소인 라듐에서 똑같은 원자붕괴 현상을 발견했다. 절대 분리될 수 없었던 원자는 사실, 분리가 가능했던 것이다. 그렇다면 그 안에는 무엇이 들어있을까? 그것은 아무도 몰랐다. 하지만 우주의 밑바닥은 무

---

[*] X선은 1895년에 독일의 물리학자 빌헬름 뢴트겐Wilhelm Konrad Röntgen에 의해 처음 발견되었다.
[**] 빛에 민감한 감광재료를 유리판에 발라서 만든 감광판.

너져 버렸다.

이 충격적인 사태에 대해 역사가 헨리 애덤스Henry Adams는 1903년에 이런 글을 남겼다.

역사가 새로운 질서 속에서 자기 자신을 드러내면,[33] 사람의 마음은 그 상황에 적응하기 위해, 완벽하다고 생각하는 단단한 껍데기를 만들 때까지, 자신의 우주를 숨기는 어린 진주조개처럼 행동한다. (…) 역사는 통일성을 갖기 위해 수백만의 생명을 희생시켰고, 결국 얻어냈으며, 그것을 당연한 예술적 결과물이라 여겼다. "하나의 신, 하나의 법칙, 하나의 원소." [테니슨의 시구를 인용했다]* 1900년, 과학이 갑작스레 고개를 들고 부정했다. (…) 퀴리 부인이 1898년에 과학자들 책상 위로 라듐이라는 형이상학적인 폭탄을 내던졌을 때, 겁 많은 개처럼 의자 위에서 뛰어내리지 않은 과학자는 졸고 있었던 게 분명하다.

새로운 미립자들을 손에 쥔 톰슨 교수는 '플럼 푸딩plum pudding'이라는 원자모형을 제안했다. 양전하가 균일하게 채워진 '푸딩' 안에 음전하를 띤 전자들이 여기저기에 뿌려진 형태의 모형이었다. 원자들 대부분이 전기적으로 중성이기

---

* 앨프리드 테니슨Alfred Tennyson은 빅토리아 시대인 19세기 영국의 시인으로, 영국에서 가장 명예로운 시인에게 내리는 '계관시인' 칭호를 얻었다.

때문에 음전하를 띤 전자들과 균형을 맞추기 위해서는 양전하를 띤 푸딩이 있어야만 했던 것이다.

그로부터 15년 후, 뉴질랜드의 위대한 물리학자 어니스트 러더퍼드Ernest Rutherford와 그의 조교들은 원자의 형태가 푸딩과는 전혀 다르다는 사실을 발견했다. 그것은 복숭아에 더 가까웠다. 양전하를 띤 과육 한가운데에 전체 질량의 대부분을 차지하는 무겁고 단단한 씨알이 박혀 있는 형태였다. 그리고 새로운 입자들이 이 씨알 안에 들어 있었는데, 바로 양성자와 중성자였다. 양성자는 양전하를 띠고 있으며, 중성자는 전하가 없다.

이 복숭아 모형은 러더퍼드의 연구팀이 원자들로 가득한 얇은 금속 막에, 미세한 아원자 입자를 발사시키는 실험을 통해 탄생한 것이었다. 아원자 입자를 얇은 금속 막에 발사하자, 일부 입자들이 넓은 각도로 튕겨 나왔다. 마치 원자 속에 있는 단단한 돌멩이에 부딪힌 것처럼 말이다. 푸딩 모형대로라면 입자의 산란 범위가 작았어야 했다. 그에 대해 러더퍼드는 이렇게 말했다. "내 생애 가장 믿기 어려운 사건이었습니다.[34] 휴지 한 장에다 15인치 포탄을 쏘았는데 그 포탄이 튕겨서 되돌아오는 것과 같은 일이었습니다."

각 원자 중앙에 있는 단단한 씨알, 즉 '원자핵'의 크기는 원자 전체와 비교하면 수십만 배 작다. 원자를 보스턴에 있는 미국 프로야구팀 레드삭스의 홈구장인 펜웨이파크Fenway Park에 비유해 보자면, 밀도 높은 원자핵은 그 중앙에 놓인 머스타드 씨앗 한 알에 불과하며, 전자들이 이 씨앗을 중심으로 외야석에 있는 궤도를 돌고 있는 것이다. 사실, 무게가 거의 없다시피 한 전자들을 제외하면 원자의 99.9999999999999퍼센트는 텅 비어 있는 공간이다. 우리 인간을 비롯한 모든 것이 원자로 구성되어 있으므로, 실제로 우리 세상은 대부분 텅 비어 있다고 볼 수 있다. 이 엄청난 공백은 나눌 수 없었던 것을 나누었을 때 얻게 된 가장 당황스러운 결과였을 것이다. 그 이후, 원자의 중앙에 있는 러더퍼드의 양성자와 중성자는 쿼크quark라고 불리는 그보다 더 작은 입자들로 구성되어 있다는 사실까지 밝혀졌다.

이렇게 끝도 없이 내려가고, 또 내려가게 되는 것일까? 파스칼의 생각대로, 정말 끝없이 크고, 끝없이 작은 무한함이 우리 주위를 둘러싸고 있는 것일까? 그것은 유쾌하지 않은 감각이다. 에셔Escher*의 작품 「오름차순과 내림차순 Ascending and Descending」이 떠오른다. 그 그림에는 후드 망토를 뒤집어쓴 채 중세 성곽의 사각형 계단을 걷고 있는 사람들이 나온다. 이 작품은 시각적인 속임수로 불안감을 주는 특징이 있는데, 이 그림 속 사람들은 끝없이 올라가는 계단을 따라 계속 올라가지만, 끝까지 걷다 보면 다시 계단의 시작점으로 돌아온다. 그 계단은 시작도, 끝도 없는 계단이다. 그 계단은 아무 곳에도 갈 수 없는 계단이다.

에셔가 「오름차순과 내림차순」을 그렸던 1960년은 물리학자들이 새로운 '원자파괴장치atom smashers'** 와 우주에서 온 고에너지 방사선을 통해 수백 가지의 아원자 입자들을 발견한 시기였다. 기본 입자와 기본 힘에 관한 연구 분야가 혼돈에 빠졌다. 전자와 양성자, 중성자를 넘어서 델타 입자와 람다 입자, 그리고 시그마 입자와 크시 입자, 오메가 입자, 피온 입자, 카온 입자, 로 입자 등을 발견했으며 이후에도 더욱 많은 입자가 나타났다.

그리스 문자가 고갈되자 당황한 물리학자들은 라틴 문자에 의지하기 시작했다. 이 새로운 입자 중에는 태어나서 사라지기까지의 총 수명이 10^{-21}초 또는 0.000000000000000000001초인 입자도 있었다. 예전에는, 심지어 신성했던 원자가 분열되는 상황에서도 질서라는 것이 존재했었다. 전자와 양성자, 중성자밖에 없었기 때문이다. 그러나 이제는 소란스러운 동물원이 되어버렸다. 기본 입자도 없었

---

*   마우리츠 에셔Maurits Cornelis Escher는 20세기에 활동한 네덜란드의 판화가로, 수학적이고 과학적인 패턴을 활용한 판화 작품들을 발표했다.

** 입자가속기particle accelerator의 속칭으로, 강력한 전기장이나 자기장 속에서 입자를 가속해 고도의 운동에너지를 발생시킨다. 새로운 입자를 찾거나 이론을 검증할 때 사용된다.

고, 무한한 나선형 계단은 바닥도 없이 이어졌으며, 정돈된 원칙도 보이지 않았다.

그런 상황에서 1960년대 말에 쿼크가 발견되었다. 새로운 입자를 따라 파고 내려가던 일이 일시적으로 멈추었다. 그리고 수백 가지의 새로운 입자들을 기본 쿼크 6개의 조합으로 이해할 수 있게 되었다. 쿼크는 아원자 동물원의 구조에 대한 새로운 시스템을 제공했다. 쿼크는 새로운 종류의 양성자이자 중성자였으며, 다시 말하자면 새로운 원자였던 것이다.

언젠가 나는 쿼크의 공동 발견자인 물리학자 제리 프리드먼(제롬 프리드먼Jerome Friedman)에게 쿼크가 입자 라인의 마지막이라고 생각하는지 물어본 적이 있다. "아마 그럴 것입니다." 이렇게 답하며 이유를 덧붙인 그는 다시 잠시 주저하다가 이렇게 말하며 웃었다. "하지만 놀랄만한 일이 생길 수도 있겠지요.[35] 과학에서는 항상 놀라운 일들이 벌어지니까요." 과학에서 벌어지는 놀라운 일들은 좋기도 하고 나쁘기도 하다.

고대 그리스의 철학자들은 제논의 역설Zeno's Paradox이라는 무서운 세계관을 만들었다. 당신이 방을 가로질러 15피트(약 4.5미터) 거리를 걸어간다고 가정해 보자. 15피트 거리를 걸어가기 위해서는 먼저 그 절반 거리인 7.5피트를 걸어가야 한다. 그리고 7.5피트 거리를 걸어가기 전에 그 절반 거리인 3.75피트를 먼저 걸어야 한다. 3.75피트를 걷기 전에는 또 그 절반을 먼저 걸어가야 하며, 이런 가정이 끊임없이 이어진다. 고대 그리스 철학자들은 머릿속에서 공간을 점점 더 작은 차원으로 절반씩 자르는 일을 무한정으로 계속해 나갔다. 수 세기 후에 파스칼이 한 것처럼 말이다. 나눌 수 없는 것과 나눌 수 있는 것이 대립하였다. 그리고 이 지적 훈련의 궁극적인 결말은, 당신이 방을 건널 수 없다는 것이다. 사실, 당신은 1인치도 움직일 수 없다. 형이상학적인 난제에 빠진 채, 무한히 작은 세계에 갇혀버린 것이다.

무한대에 관해 이야기할 때, 과학자들과 수학자들은 보통 연속적으로 커지고 커지는 공간과 숫자에 대해 상상한다. 하지만 무한대는 다른 방향으로도 뻗어나갈 수 있다. 그런 면에서 보면, 철학자가 아니라 물리학자인 제리 프리드먼이 더 희망적이다. 그는 쿼크가 계속해서 작아지는 입자 라인의 끝일 것이라고 생각하기 때문이다.

이에 동의하지 않는 물리학자들도 있다. 이 물리학자들은 지난 40년간 쿼크보다 훨씬 더 작은 '끈strings'이라는 물체에 관한 이론을 제안해 왔다. '끈'은 전자와 같은 점 입자가 아니라, 극히 작은 일차원적인 에너지다. 끈의 크기는 플랑크 길이(약 10^{-33}센티미터) 정도이며, 그 안에서 중력과 양자물리학이 만난다. (첫 장 '무와 무한 사이'를 참고하길 바란다.)

끈 이론의 중요한 특징은 우리가 익숙한 3차원이 아닌, 9차원이나 10차원의 공간을 다루고 있다는 것이다. 책상이나 나무가 있는 우리 세계에서는 추가 차원additional dimensions에 대해 인식할 수 없을 것이다. 그 차원들이 극도로 작은 고리처럼 얽혀 있기 때문이다. 정원용 호스를 멀리서 보면 선으로 보이는 것과 마찬가지다.

끈 이론은 원래 강한 핵력 이론을 설명하기 위한 이론이었다. 그러다가 최근 몇 년 동안 양자중력 이론의 일부에 관한 가설로 사용되었다. 양자중력은 아인슈타인의 중력이론인 일반 상대성이론에 양자물리가 추가된 것이다. 그러나 현재로선 끈 이론의 검증 방법이 무엇인지, 심지어 검증할 수 있는지조차 아무도 모른다. 그 크기가 너무 작기 때문이다.

끈 이론의 수학적 형태가 아름답기는 하지만, 게다가 끈 이론이 양자중력으로 향하는 유일한 길일 수도 있지만, 몇몇 물리학자들은 이 이론을 포기했다. 왜냐하면, 일단 검증하기가 불가능해 보이기 때문이다. 게다가 끈 이론은 보는 관점에 따라 그 결과가 달라지고, 그 결과들은 각각 어쩌면 존재할지도 모를 다른 우주들과 이어지기 때문이다. 이 경우, 우리 우주는 주사위 던지기를 하듯이 무작위로 선택된 하나의 세상에 불과하다. 이것은 한가지 해답만 가진 십자 말풀이 퍼즐을 풀듯 우리 우주도 몇 안 되는 '주요 원칙들'에 따라 필연적으로 현재의 모습일 수밖에 없음을 증명하려는 물리학자들의 오랜 희망을 꺾게 되는 것이다.

끈의 존재 여부와 상관없이, '무와 무한 사이' 장에서 이 야기한 것처럼, 우리는 플랑크 크기의 세계에선 시간과 공 간이 그 의미를 잃는다는 사실을 알게 되었다. 플랑크보다 작은 '입자'는 찾을 수 없다. 공간을 플랑크 크기보다 더 작 게 나눌 수 없기 때문이다.[36]

가정에 불과했던 원자의 크기를 실제로 측정하는 데 2 천 년이 걸렸다. 그리고 막스 플랑크가 자신이 새로이 발견 한 양자 상수를 빛의 속도 및 뉴턴의 중력 상수와 결합하여 '플랑크 길이'라는 고유의 값으로 제시한 것이 1899년이다. 그렇다면, 끈의 존재를 제대로 검증하는 데도 또다시 2천 년이라는 세월을 기다려야 할까?

현대의 프로메테우스*

●

메리 셸리의 유명한 소설 속에서 빅터 프랑켄슈타인은 이렇게 말하며 자신의 기억을 회고하기 시작한다. "나는 제네바 태생이며,[37] 제네바 공화국에서 가장 대단한 가문에서 태어났다." 대학 시절, 젊은 빅터는 폭풍우가 내리고 번개가 치던 어느 날 아름다운 떡갈나무 고목에서 불줄기가 치솟는 광경을 목격하게 된다. 과학의 모든 분야에 매료된 그는 전기학, 생물학, 화학뿐 아니라 갈바니즘galvanism**과 같은 새로

---

* 1818년에 영국 런던에서 익명으로 출간된 소설 『프랑켄슈타인』의 부제로, 이 소설의 원제목은 『프랑켄슈타인; 현대의 프로메테우스Frankenstein; or the Modern Prometheus』이다. 이후 1821년에 저자 메리 셸리Mery Shelley가 본명을 밝히며 다시 출간하였다.

** 1786년경 이탈리아 볼로냐대 교수였던 루이지 갈바니(Luigi Galvani, 1737~1798)는 전기를 흐르게 한 개구리 뒷다리가 수축하는 현상을 발견하고, 이를 전기의 근원이 동물의 몸 안에 있다는 주장의 근거로 삼았다.

운 분야까지 연구한다.

수년 후, 빅터는 과거를 회상하며 이렇게 말한다. "특히 내 관심을 끌었던 것은[38] 인간 뼈대의 구조였고, 그리고 당연히, 생명이 깃든 모든 동물에 관한 것이었다. 나는 종종 스스로 물어보았다. 생명의 원리는 어디에서 진행되는가? 이 대담한 질문은 지금까지 불가사의하게 여겨져 왔다."

실험실에서 밤낮으로 연구한 끝에, 빅터는 무생물체에 생명을 불어넣는 법을 발견하는 데 성공한다. 하지만 바로 직후, 생명의 비밀을 밝혀낸 것에 만족하지 못한 그는 온갖 복잡한 섬유 조직과 근육, 정맥, 그리고 뇌를 만들어 생명체를 창조하기로 결심한다.

빅터가 밝혀낸 비밀은 무엇이었을까? 수 세기 동안, 인류는 생명의 신비를 풀어내기 위해 노력해 왔다. 대체 그 무엇이 뒤죽박죽 이상하게 뒤섞인 분자들을 조직하여 진동하고, 꿈틀거리며, 주변의 것을 취하여 번식하고 살아가는 세포로 변환시키는 것일까? 우리들은 모두 부모의 세포에서 생겨났으며, 우리 부모는 또 그들의 부모로부터, 그들은 또 그 부모로부터 생겨났다. 그렇게 계속해서 거꾸로 가다 보면, 시간의 어두운 복도까지 다다르게 된다.

우리는 이 놀라운 생명의 흐름을 당연하게 받아들인다. 하지만 어떻게 시작된 것일까? 물론 우리 행성에서 사는 생명체들의 기원이자, 어쩌면 이 우주 전체에 존재하는 생명체의 기원일 수도 있는 그 시작점은 우주 자체의 기원과도 매우 중요한 유사점을 갖고 있다. 바로 모든 물질과 에너지를 배출한 무無에서 비롯되었다는 점이다.

'모든 생명은 생명체로부터Omne vivum ex vivo[39]', 위대한 생물학자 루이 파스퇴르Louis Pasteur는 이전의 생명체에서만 새로운 생명체가 탄생한다고 주장했다.* 하지만 원시별이라는 가마솥에 넣고 갓 끓여낸 화학물질 덩어리였을 원시 지구에 생명체가 존재했을 거라고 믿는 현대 생물학자들은 거의 없다. 그렇다면 어떻게 시작된 것일까? 지구와 비슷한 조건을 가진 다른 행성에서도 일어날 수 있는, 원자들의 수많은 충돌로 인한 불가피한 결과였을까? 아니면, 우리 행성에서만 발생한 단 한 번의 특별한 사건이었을까? 물리학과 화학, 생물학은 이러한 질문에 결정적인 답변을 해줄 수 있을까?

기원에 관한 이 심오하고 과학적인 질문들 외에도, 삶의 물질성materiality에 대한 철학적이고도 신학적인 질문이 있다. 손가락 하나를 현미경에 비춰보면, 세포들이 보일 것이다.

---

* 17세기 프랑스의 화학자이자 생물학자인 파스퇴르는 라틴어로 'Omne vivum ex vivo', 즉 '모든 생물은 생물에서만 비롯된다'고 말했으며, 이를 토대로 생물속생설 이론을 확립하였다. 이는 생물이 무기물로부터 자연적으로 발생했다는 아리스토텔레스의 자연발생설과 대립하게 되었다.

예를 들어, 빨간 혈액세포는 빨갛고 가운데가 옴폭 들어간 디스크 모양으로 보인다. 이 세포들을 고화질 현미경으로 살펴보면 육각형 모양을 띤 헤모글로빈 분자들이 보일 것이다. 더욱 화질이 높은 현미경으로 들여다보면 산소와 수소, 탄소와 질소 원자들이 철 원자 주위에 복잡하고 섬세하게 얽혀 있는 모습이 드러난다. 이것이 우리인 걸까? 이것이 우리의 전부인 걸까?

최근까지 생물학자들은 생명에 관한 문제를 대하는 태도에 따라 두 진영으로 나뉘었다.

소위 기계론자mechanist라고 불리는 이들은 생명체란 단지 모든 화학과 물리학, 생물학의 법칙에 따라 인체의 미세한 도르래와 레버에 의해 움직이는 수많은 원자와 분자의 화학적 작용과 흐름일 뿐이라고 생각한다. 이 진영에 있는 생물학자들은 생명의 기원에 관한 문제를 원시 지구에서 존재 가능한 원자 및 단순 분자의 구조와 행동, 그리고 에너지에 대한 문제로 생각한다.

그와 반대로 활력론자vitalist들은 생명 속에는 질적으로 특별한 어떤 것, 즉 비물질적이고 정신적이며 초월적인 힘과 같은 것이 있어서, 그것이 서로 뒤섞인 세포 조직과 화학물질들을 생명으로 진동하게 만든다고 주장한다. 이 초월적인 힘은 물리적 분석이나 해석을 뛰어넘는 것이다. 어떤 이들은 그것을 영靈,soul이라고 부른다. 고대 그리스인들은 그것을 '숨' 또는 '바람'이라는 의미를 지닌 프뉴마pneuma라고 불렀다. 유대교와 기독교, 이슬람교 모두 오직 신만이 그 영의 숨결을 불어넣을 수 있다고 믿는다.

현대 생물학자들은 기계론자다. 실제로, 1950년대 초반에 발견된 DNA의 구조와 분자생물학의 탄생에 편승하여 합성생물学synthetic biology이라는 현대 생물학을 통합하는 학문 분야가 구성되었는데, 이 분야는 생물 체계의 구성 요소를 제조하고 조작하는 일을 다룬다. 일부 합성생물학자들은 미생물의 DNA를 다시 조작해서 약이나 건전지, 신규 공학기술 장치들을 생산하고 있지만 또 다른 이들은 지구에서 어떻게 생명이 시작됐는지를 알고 싶어 한다. 아직도 기존의 생물 조직에서 새로운 형태의 생명체를 탄생시키려는 학자들이 있으며, 완전한 무생물체로부터 생명을 만들고 싶어 하는 이들도 있다.

합성생물학은 신생 학문이다. 1950년대 화학자들은 원시 지구의 대기 상태와 흡사한 가스 혼합물 속에서[40] (번개가 치듯이) 전기를 방전시키면 단백질의 구성 요소인 아미노산이 생성된다는 사실을 밝혀냈다. 그리고 1950년대 말과 1960년대 초에 첫 번째 합성 세포가 탄생했고,[41] 1970년대 초반에는 서로 다른 두 유기체의 유전자를 결합한 최초의

하이브리드 유전자hybrid gene가 만들어졌다.[42] 2010년에는 화학적 결합을 통해 최초로 완전한 유전자 세트를 합성하여[43] 숙주 세포에 투여한 연구가 진행되었다.

이 성과들만큼 중요한 것은, 무생물에서 생물을 탄생시키는 일에는 이들 중 그 누구도 가까이 다가가지 못했다는 사실이다. 하지만 과학의 역사적 추진력과 과학자들의 용기를 고려해 보면, 그 결과는 시간문제일 것이다. 인간이 맨손으로 만든 최초의 생명체는 어쩌면 박테리아보다 훨씬 단순한 단일 유전자로 된 단일 세포일 게 분명하다. 그래도 그것은 역사적으로 매우 중대한 진전이 될 것이다.

기계론자들은 그 결과를 궁극적인 승리로 볼 수 있다. 그러나 인간이 원자와 분자로 구성된 물질에 불과하다는 개념을 몹시 심란하게 느끼는 사람들도 많을 것이다. 신학적인 고찰은 잠시 접어두고, 나 자신의 정체성, 나만의 생각과 감정, 나에 대한 의식과 '나의 존재'에 대한 느낌을 생각해 본다면, 그것은 굉장히 압도적이고 너무나 독특해서 제대로 설명하기조차 힘들다. 그런 감각이 원자와 분자라는 물질에서 온전히 뻗어 나왔을 수도 있다는 말은 이해하기가 어렵다. 우리 인간, 그리고 다른 모든 생명체가 물질에 불과하다는 것도 불가능해 보인다. 하지만 이것이 무생물에서 생물을 탄생시키려는 연구에 착수한 합성생물학자들의 공리이다.

만약 그 연구가 성공한다면, 그 결과는 수많은 중요한 문제들을 다시 끄집어낼 것이다. 그와 동시에 무생물에서 생물을 창조하는 능력은 살아 있는 자들에게 궁극적인 자유를 선사할 것이다. 단순히 자연의 법칙에서 벗어나게 해준다는 말이 아니다. 그동안은 지적인 생물체들마저 그들의 정교한 신체 조직에 대해 무지하고 무감각한 채, 기존의 생명체를 통해서만 새로운 생명을 얻을 수 있다는 피할 수 없는 사슬 속에 갇혀 있었다. 그러나 이제는 그 우주적 법령에서 탈출하게 될 거라는 말이다.

　어린 시절의 언젠가 우리는 자각하고 생각하는 존재로서 자기 자신이 주변 세상과 동떨어져 있음을 인식했었다. 하지만 우리는 탄생 순간도, 그 이전에 무엇이었는지도 잊어버렸다. 우리가 이해하는 것은 그저 우리 피부 아래서 매 순간 발생하는 수조 번의 화학적, 전기적 반응의 일부분에 불과하다. 아무도 인간, 또는 다른 생명체들의 삶에서 어떻게, 그리고 왜 그토록 경이로운 일이 일어나는지 알지 못한다. 우리는 그저 주어지는 대로 받아들일 뿐이다. 만일 합성 생물학자들이 무생물에서 생물을 창조하는 일에 성공한다면, 인간은 자기 자신을 인식할 뿐 아니라 그 존재의 비밀까지 이해하는 우주에서 보기 드문 생명체가 될 것이다.

어디선가 살아 있는 세포를 맨손으로 탄생시킨다면, 그
곳은 하버드 의과대학의 유전학과 교수이자 메사추세츠 종
합병원의 화학 및 화학생물학과 교수인 잭 쇼스택Jack Szostak
의 연구실일 가능성이 크다. 쇼스택 교수는 로절린드 프랭
클린Rosalind Franklin과 프랜시스 크릭Francis Crick, 제임스 왓슨James
Watson이 DNA에 대해 중대한 발견을 하던 시기인 1950년대
초에 태어났다.

쇼스택은 캐나다 왕립 공군Royal Canadian Air Force의 항공 기술
자였던 아버지가 전보될 때마다 따라다니며 독일과 캐나다
의 다양한 도시에서 성장했다. 과학에 대해 매력을 느꼈던
어린 시절에 관해 이야기하며, 쇼스택은 아들을 위해서 지
하실에 실험실을 만들어준 기술자 출신 아버지에게 공을 돌
렸다. "그곳에서 실험하면서[44] 제법 위험한 화학물질을 종종
사용하곤 했습니다. 어머니가 일하던 회사에서 집으로 가져
올 수 있었던 화학약품들이었지요."

과거를 회상하던 쇼스택은 어린 나이에 학자가 될 수 있
도록 도와준 아버지에 대해 다시 한번 언급했다. "아버지는
직장에서 윗사람과 아랫사람 모두와 부딪혀야 하는 그의 직
업에 대해[45] 자주 불평하곤 했습니다. 나는 그런 모습을 보
면서 다른 직업보다 평등주의적 측면이 많은 학자의 생활을
추구하게 되었습니다. 단 한 번도 상사나 후배 직원이 있는

직장에서 일한다는 생각은 해본 적이 없습니다. 그저 나와 비슷한 동료들과 함께 우리를 둘러싼 세상에 대해 배우는 일에만 관심이 있었습니다."

1968년, 쇼스택은 15살의 어린 나이에 캐나다의 맥길대학교McGill University에서 대학 학부과정을 시작했다. 이후 미국 메인주 연안의 마운트데저트 섬의 잭슨 연구소Jackson Laboratory에서 열린 대학생들을 위한 여름방학 프로그램에 참여했고, 그곳에서 쥐의 갑상선 호르몬을 분석하는 실험을 하면서 생물학에 대한 강렬한 흥미를 갖게 되었다. 그리고 1970년대 초에 미국 뉴욕의 코넬대학교에서 대학원 과정에 들어갔다.

그곳에서 효모의 DNA에 관해 연구를 시작한 쇼스택은 이후로 15년 동안 그 분야에 관해 더욱 깊고 넓게 파고들며 마침내 '텔로미어telomeres'라는 효소들이 어떻게 효모 염색체를 포함한 모든 염색체의 연약한 끝단을 보호해 주는지에 대해 밝혀냄으로써 연구 성과의 정점을 찍게 되었다. 이 연구로 그는 2009년 노벨 생리의학상을 수상했다(엘리자베스 블랙번Elizabeth Blackburn, 캐럴 그라이더Carol Greider와 공동 수상).

1980년대 중후반이 되자, 쇼스택은 효모 생물학 분야가 너무 혼잡해졌다고 느꼈다. "기껏해야 몇 달 또는 몇 년 후만 되면 다른 학자들도 결국 우리가 하는 실험을 할 수밖에 없을 거라는 생각이 들자, 내가 느꼈던 효모 연구의 의미가 옅어졌습니다.[46]" 연구 생활을 시작했을 때부터 쇼스택은 항상 다른 과학자들과 경쟁하는 상황을 피해왔다. 그래서 그는 30대가 되어서도, 이미 효모 생물학으로 노벨상까지 받아 그의 영향력이 강해졌음에도 불구하고, DNA와 굉장히 유사한 분자이면서 생물 진화의 원형으로 여겨지는 RNA(리보핵산ribonucleic acid)로 자신의 연구 분야를 바꿔버렸다.

그때부터 쇼스택과 그의 연구팀은 무생물에서 생물을 탄생시키는 연구의 최전선에 서게 되었다. 그들의 주요 업적 중 일부를 나열해 보자면, 단순한 화학물질로 세포막을 만든 일과 그 세포막들이 간단한 화학적, 물리적 작업을 통해 어떻게 자라고 분열되는지에 대한 증명, 그리고 RNA가 원시적인 주변 세포막surrounding membrane 안에서 어떻게 복제될 수 있는지에 대한 부분적인 해석 등이 있다.

생물학자들은 특정 세포 물질을 '살아 있다'고 판단하는 일에 대해 완전히 합의하지 않는다. 일반적으로 '살아 있다'고 확정하기 위해서는, 외부 세계로부터 유기체를 분리하는 동시에 가장 중요한 분자들이 에너지 자원을 활용하고, 성장하고, 번식하고, 진화하는 능력을 최대한 높이도록 만들어주는 어떤 종류의 주변 세포막이 있어야만 한다. (쇼스택은 그것을 세포 '구조물compartment'이라고 부른다.)

2001년, 저명한 과학 학술지 <네이처>에 발표한 내용을 보면,[47] 쇼스택과 그의 동료들은 최소 단위의 살아 있는 세포에 필요한 4가지 성분을 알아냈다. 그것은 바로 구조물, RNA나 DNA와 같이 복제가 가능한 분자, 그 복제를 위한 수단, 그리고 구조물의 벽과 복제 가능 분자 사이의 어떤 상호작용이었다. 그래야만 구조물의 벽과 복제 가능 분자가 다윈 진화의 힘에 반응하여 서로를 도울 수 있기 때문이다.

이 분야에서 쇼스택의 연구가 다른 수많은 합성생물학자의 연구와 구별되는 이유는, 그가 맨손으로, 오직 '프리바이오틱prebiotic' 분자로 불리는 초기 지구에 존재했던 단순 분자만을 가지고 살아 있는 세포를 만들고자 노력하기 때문이다. 그와 대조적으로 다른 연구팀들 대부분은 이미 지난 수억 년간 자연의 선택과 진화에서 살아남은 기존의 생명체에서 뽑아낸 복잡한 분자물을 가지고 동일한 연구를 시작한다.

쇼스택은 야심 찬 계획과 강렬한 집중력을 가진 과학자지만, 자신의 업적에 대해서는 유난히 겸손한 모습을 보였다. 2009년에 받은 노벨상에 대해 그가 작성한 글의 초입에서 그는 이렇게 서술했다. "내가 비록 과학자로서 어느 정도 성공을 거두긴 했지만,[48] 그 정확한 이유는 말하기 어렵다."

게다가 쇼스택은 다른 사람들에 대한 신뢰와 옹호를 아낌없이 표현했다. "과학 세계에서 사는 즐거움 중 하나는[49] 기술을 가르치거나 어떤 문제에 대해 의견을 나누면서 학생과 동료들을 도와주는 것에 더없는 행복을 느끼는, 선의를 가진 사람들과 함께할 수 있다는 것이다." 그리고 자신의 두 번째 제자인 앤드루 머리에 대해 이렇게 언급했다. '상상할 수 있는 온갖 실험에 대해 재밌게 대화 나눌 수 있는 총명하고 열정적인 학생이다.[50]' 그의 또 다른 제자에 대해서도 이렇게 회상했다. "나는 운 좋게도[51] [하버드의 화학자 제러미 놀스Jeremy Knowles 박사의 연구실에 있었던] 대학원생 존 로슈를 '물려'받았다. 그는 우리 연구실로 옮겨와서 리보자임 추출과 기계적 효소학mechanistic enzymology 분야에서 뛰어난 작업을 해주었다."

쇼스택 교수와 그의 학생들을 찍은 사진을 보니, 대부분 청바지 차림인 젊은 학생 스무여 명이 하버드 의과대학의 평범한 교실 한 곳에 서 있기도 하고 앉아 있기도 하며 편하게 웃고 있다. 이 행복한 가족의 중앙에 교수가 있다. 겸손한 몸가짐으로 보건대, 그도 이 행복한 가족의 일원이다.

2019년 7월, 나는 쇼스택 교수의 연구실을 방문했다. 매사추세츠 종합병원의 리처드 B. 심치스 연구센터Richard B. Simches Research Center 4층에 있는 그의 사무실은 각종 서류와 논문들이 높이 쌓인 좁은 책상과 작은 소파, 작은 탁자가 겨우 들어갈 만큼 작았다. 책장에는 그의 제자들이 작성한 논문과 생물학 서적이 잔뜩 꽂혀 있었다.

우리가 만났을 때, 그는 땀에 젖은 파란색 리넨 셔츠에 헐렁하고 구김살 진 카키색 바지를 입고 있었으며, 머리숱이 적었고, 안경을 끼고 있었다. 부드러운 목소리에 주저하는 말투였지만, 자신의 연구에 대해 말할 때는 확실한 열정이 느껴졌고, 조금도 과장하지 않고 중요성을 지나치게 강조하지도 않으며 군더더기 없이 명료하게 이야기했다.

"사람들은 모두 살아 있음을 정의하는 일에 얽매여 있습니다.[52] 그건 도움되는 일이 아닙니다. 나는 단순함에서 복잡함으로 가는 길과 그 과정이 중요하다고 생각합니다. 당신이 선을 그리는 과정에서 만나는 곳, 그것을 '살아 있음'이라고 부릅니다. 다양한 사람들이 다양한 장소에 그 선을 그립니다. 만약 그곳에서 진화가 시작될 수 있다면, 나는 그것을 살아 있음이라고 부를 것입니다."

진화와 자연선택natural selection*은 강력한 추진력을 갖고 있다. 쇼스택은 그 어떤 생물학적 분자도 좋은 쪽으로든 나쁜 쪽으로든 자연적으로 돌연변이가 되는 일을 피할 수 없다고 강조했다. 적절한 화학적 환경이 주어지면, 진화는 자동

---

* 주어진 환경 조건에서 가장 유리한 유전인자를 가진 개체만이 생존하여 자손을 남기게 되는 일로, 자연도태라고도 부른다.

으로 일어난다. "일단 생물학적으로 유리한 요소 하나를 갖게 되면, 자연에서는 그 요소를 복제하기 위한 엄청난 압력이 발생합니다. (…) 누군가 [지구에서 처음 살기 시작한 생명체를] 밝혀낸다면, 단순한 생물들이 한가득 나올 게 분명합니다." 그는 손으로 머리를 치며 중요한 걸 깨달은 듯 말했다. "원시 지구에서 그런 일들이 저절로 일어난 겁니다. 그렇게 힘든 일이 아닙니다."

2003년, 쇼스택과 그의 동료들은[53] 몬모릴론석montmorillonite 이라는 흔한 광물 점토와 세포 '구조물'의 관계를 발표했다. 몬모릴론석은 화산재에서 산출되는 것으로, 오늘날 고양이용 배설 상자를 만드는 데 사용되고 있는 광물이다. 이 광물이 원시 지구에서 존재 가능한 단순 분자들만 있으면 생명을 유지할 수 있는 세포 구조물의 형성을 가속할 수 있다는 사실을 증명한 것이다.

몬모릴론석은 특별한 촉매제인 것 같다. 그 기본 구성 요소가 RNA분자를 형성하는 데 도움을 줄 수 있다는 것은 이미 알려져 있었다. 이제 쇼스택과 그의 연구팀은 지방산이라는 단순 분자가 이 광물과 접촉하면 서로 결합하여 세포막을 형성한다는 사실을 밝혀냈다. 이 세포막은 자동으로 닫힌 후 액체로 채워진 미세한 주머니, 또는 세포 구조물을 형성하는데, 여기에 RNA나 DNA와 같은 복제 분자들이 담겨 있을 가능성이 크다. 게다가 몬모릴론석이 있으면 이 미세한 주머니는 다른 지방산과 병합하여 온전히 스스로 자라난다. 이 광물의 표면에 특별히 기하학적이고 화학적인 특성이 있어서 이러한 반응을 촉진하는 것이다.

쇼스택의 연구팀은 작은 구멍을 가진 물질에 이 미세한 주머니를 통과시키면 주머니들이 분열, 즉 '번식'을 한다는 사실도 보여주었다. 따라서 쇼스택은 세포 구조물의 탄생과 성장, 번식까지 증명해 낸 것이다.

쇼스택의 논문이 <사이언스>에 발표되자마자, 그의 연구 결과는 신문 기사로도 널리 보도되었다. 이를테면, <뉴욕타임즈>에서 낸 기사의 제목은[54] '생명은 어떻게 시작되었는가?'였으며, <사이언티픽 아메리칸Scientific American>에서도[55] '점토의 도움으로 첫 번째 세포가 형성되었을 수도 있다'라는 제목으로 기사를 썼다.

쇼스택은 내게 이 일에 대해 말해주고 싶어 했다. 뉴스 매체에서 그의 연구를 보도한 후, 그는 근본주의 신자들로부터 산더미 같은 메일을 받았다. 성서에 언급된 대로 신이 점토를 이용해 생명을 창조했음을 증명해 주어서 고맙다는 내용이었다.

"나는 종교를 가진 사람이 아닙니다." 쇼스택은 그 아이러니함에 미소를 지으며 이야기했다. "우리 연구가 성공했을 때, 나는 연구 결과가 우리의 문화 속에 스며들게 되기를 바랐습니다. 생명의 창조는 완전히 자연스러운 일이며, 거기에 굳이 마법이나 초자연적인 힘을 개입시킬 필요가 없다는 생각으로 말입니다. (…) 종교인들은 신이 어떻게 생명을 창조했는지 안다고 말하는데, 나는 어떻게 그럴 수 있는지 이해할 수 없습니다."

우리가 대화를 나누는 동안, 사무실 바로 밖에 있는 실험실에서 쇼스택의 학생들 몇 명이 조용히 연구 중이었다. 현재 그의 연구실에는 대학원생들과 박사후과정 학생들 16명이 소속되어 있다. 넓은 실험실의 일부 공간은 주요 연구 파트가 차지하고 있었고, 나머지 공간에는 다양한 통들과 화학 물품들이 올려진 어수선한 선반 12개가량이 놓여 있었다. 선반 아래에는 작업 책상들이 있었다. 그중 한 책상 위에 컴퓨터 모니터와 펼쳐진 공책, 펜이 올려져 있었고, 벽과 선반에는 메모가 적힌 포스트잇 여러 장이 붙여져 있었다.

넓은 실험실 근처에 있는 작은 방 여러 개도 실험실로 쓰이고 있었다. 그 안에는 질량분석기mass spectrometer(미세한 입자들을 식별하기 위해 그 질량과 전하의 비율을 측정하는 장치)와 원심분리기centrifuge, 산소가 없는 초기 지구의 대기 상황을 재현하기 위해 공기를 밀폐시켜서 만든 무산소 구역oxygen-free zone, 그리고 분자 구조를 측정할 때 쓰이는 정밀한 핵자기공명분석기NMR: Nuclear Magnetic Resonance가 들어 있다. 내가 멍하니 핵자기공명분석기를 보며 서 있자, 쇼스택은 기계가 일시적으로 멈출 때를 대비해서 분석기가 두 개는 있었으면 좋겠다고 말했다.

쇼스택을 포함하여 생명의 기원을 연구하는 수많은 생물학자들이 'RNA 세계RNA world'라는 가설에 동의하고 있다. 생물학자이자 생물물리학자인 알렉산더 리치Alexander Rich가 1962년에 최초로 제안한 이 가설은, 지구의 탄생 초기에 처음으로 복제된 분자가 DNA가 아닌 RNA라고 주장한다.

화학적으로 사촌지간인 DNA와 RNA 두 분자는 서로 몇 가지 다른 점이 있다. 현대 세포에서 대부분의 DNA는 이중가닥 나선형 구조인 데 반해, RNA 대부분은 단일가닥 나선형 구조다. 두 분자의 유전자 알파벳genetic alphabet 네 개 중 세 개는 서로 같지만, 나머지 하나가 다르다.[*] 그리고 두 분자의 뼈대[**]에 들어 있는 당의 구조도 약간 다르다. (DNA에서

---

[*]   유전자는 염기■■라고 불리는 DNA와 RNA의 구성 성분 네 가지의 배열 방식에 따라 유전 정보를 저장하는데, 이 네 가지 염기를 유전자 알파벳이라고 부른다. DNA의 경우 아데닌(A), 구아닌(G), 시토신(C), 티민(T)이 있으며, RNA에는 아데닌(A), 구아닌(G), 시토신(C), 우라실(U)이 있다.
[**] 당과 인산으로 이루어진 골격으로, 이 뼈대가 있어야 DNA 또는 RNA의 염기들을 연결하여 나선 구조를 형성할 수 있다.

발견되는 당 분자는 RNA의 더 단순한 당 분자에서 유래한다. 이는 많은 생물학자들이 RNA가 먼저라고 믿는 또 다른 이유이다.)

RNA와 DNA 모두 유기체의 번식을 위한 정보를 저장하고 있다. 그러나 DNA와 달리 RNA는 세포 안에서 다른 임무를 수행하기도 한다. DNA 분자에서 정보를 읽고, 그 정보를 세포 내에서 단백질이 만들어지는 다른 부분으로 전달하는 일이다.

RNA 세계 가설은 1980년대 초반에 토머스 체크Thomas Cech와 시드니 올트먼Sidney Altman의 연구로 큰 힘을 얻게 되었다. RNA가 단순히 정보만 전달하는 수동적인 역할뿐만 아니라, 분자들이 자체 생성되는 것을 도와주는 촉매제 역할도 한다는 사실이 밝혀진 것이다.

이 발견은 닭이 먼저냐 달걀이 먼저냐의 문제처럼 오랜 시간을 끌어온 수수께끼 하나를 풀어주었다. 바로 단백질과 DNA의 문제였다. DNA를 만들기 위해서는 단백질 효소가 필요하지만, 그 단백질 효소를 만들기 위해서도 DNA가 필요하다. 그런데 RNA는 그 두 가지 일을 모두 할 수 있다. 게다가 세포의 유전 정보를 저장하는 동시에 자기 복제도 한다. RNA는 설계도의 운반자인 동시에 제작자인 것이다.

RNA는 단일가닥 구조이기 때문에 외부 화학물질에 공격당하고 약해지기 쉽다. DNA만큼 안정적이지도 않다. 따라서 다윈의 진화과정에 따른다면, 유전 정보를 저장하는 주요 은행으로서의 RNA는 시간이 지나면서 DNA로 교체되었을 것이다. 그러나 RNA 세계 가설에 의하면 RNA는 애초부터 주요 복제 분자였을지도 모른다.

쇼스택은 생물체 구성의 원재료 역할을 하는 원시세포는, 그 내부 구조가 RNA나 단순 화학물질보다 복잡할 필요가 없을 거라고 생각한다. 그러나 원시세포가 생물체를 어떻게 구성했느냐가 여전히 숙제로 남아 있으며, 이것이 무생물에서 생물을 탄생시키는 방법을 이해하는 데 가장 큰 장애물이다.

"내 생각엔 RNA가 최초로 복제된 방식을[56] 가능하게 만든 화학작용을 이해하는 일이 현재로선 가장 중요합니다." 다시 말하자면, 복제 분자는 정확히 어떻게 자신을 복제한 걸까? 세포에 필요한 모든 도면을 가지고 말이다. 쇼스택이 말하길, 단백질 효소(촉매제)나 수백만 년 이상의 진화 과정을 거쳐 발달한 다른 복잡한 구조의 분자를 이용하면 RNA를 쉽게 복제할 수 있다고 한다. 하지만 그가 알고 싶은 것은 최초로 생명이 시작된 방식이다. 그래서 쇼스택은 원시 지구에 존재했던 단순 분자만을 가지고 그 당시에 RNA 복제를 일으킨 방식을 밝혀내기 위해 노력하고 있다.

"우리 접근법은 앞으로 갈 길이 멉니다.[57] 지금까지는

RNA 이중 나선의 형태 안에서 상보적 가닥complementary strand 을 생성하기 위해 RNA 주형template을 짧게 확장한 것만 복제할 수 있었습니다. 하지만 RNA를 복제하는 우리 능력은 아주 짧은 길이로 제한되어 있기 때문에, 여전히 여러 주기의 RNA 복제는 불가능합니다. 다시 말해, 복제한 것을 다시 복제하는 일이 불가능합니다. 우리 목표는 원세포 내에서 무제한 복제를 하는 것입니다. 왜냐하면, 복제한 생물의 소포[세포질 구조물]에서 RNA를 복제한다면, 다윈의 진화론적 의미에서 진화 가능한 시스템을 갖게 될 수 있을 거라고 생각하기 때문입니다."

　지구에서 어떻게 생명체가 살기 시작했는지에 관한 연구, 그리고 무생물에서 생물을 탄생시키려는 실험과 관련된 시도들은 온갖 종류의 철학적, 신학적, 도덕적, 사회적인 문제들을 일으켰다. 이러한 문제 중 많은 내용이 과학 소설과 학회, 종교회의와 종교기관에서 예견되어 왔다. 하지만 쇼스택을 비롯한 합성생물학자들의 성공적인 연구 성과와 함께 이 문제들이 새롭게 주목받고 있다.

　영화 「스타트렉: 넥스트 제너레이션」의 첫 번째 에피소드를 보면, 데이터 중령이 자신의 몸 일부를 부순 후, 손목에서 튀어나온 철사와 컴퓨터 칩들이 엉켜 있는 모습을 응시하는 장면이 나온다. 데이터 중령은 기계지만, 시청자들은 그를 인간으로 느꼈다. 생김새도 인간처럼 생겼고, 다른 인물들을 대할 때도 연민과 상냥함을 가지고 행동했으며, 옳고 그름을 아는 것처럼 보였다.

그러나 이 장면이 우리를 불편하게 만드는 이유는 데이터 중령이 다쳐서라기보다 그가, 그리고 우리가 갑작스레 그의 기계적 실체를 목격하게 됐기 때문이다. 그의 존재가 갖고 있던 비밀이 세상에 드러난 것이다. 그의 신체적인 행동과 생각들, 미묘한 감정의 깊이, 생명체로서의 무한한 신비로움과 그 모든 복잡성이 이 돌출된 전선들 사이로 흐르는 전류의 효과이자 이 컴퓨터 칩들 속에 있는 0과 1의 특정한 패턴에 의한 결과인 것으로 생생하게 단순해져 버린다. 우리는 모욕감을 느낀다. 그리고 세상의 자연적인 질서에 대한 일종의 모독감도 느끼게 된다.

우리는 기술 발전이 만연한 시대에 살고 있다. 작은 상자를 이용해 말과 이미지를 먼 곳으로 전송할 수 있고, 청력과 시력을 증폭시킬 수 있는 장치도 있으며, 생각과 성격을 바꿔주는 약도 있다. 모두 인간이 만든 것이다. '자연스러운 것'과 '부자연스러운 것'의 경계가 모호해졌다.

어쩌면 누군가는 우리 인류가 '자연'적인 존재이고, 우리의 두뇌와 그 능력도 '자연'적으로 진화했으므로 우리가 만든 것들도 모두 '자연'적이라고 주장할 수도 있다. 그러나 이에 동의하지 않는 사람들도 있다. 잭 쇼스택의 실험실에서 탄생한 유기체와 바위 밑 습토에서 발견된 유기체에 차이점이 있다면, 그건 무엇일까?

미국 테네시주 멤피스의 유명한 랍비, 미가 그린슈타인Micah Greenstein은 실험실에서 탄생한 유기체에는 영혼이 없을 거라고 단호히 말했다. "영은 모든 살아 있는 존재 속에 들어 있는 생명력이며,[58] 아무도 그것을 정량화할 수 없습니다. 그것은 모든 생명체에게 생기를 불어넣는 역할을 합니다. 개에게도 영이 있습니다. 개들도 인간처럼 울기도 하고, 동정심도 느끼고, 사랑을 합니다. 인간의 영은 다른 생명체와 우리 행성 그 자체를 보살필 수 있는 능력을 타고났습니다. 만일 우리가 새로운 생명체를 만들게 된다 해도, 나는 그 인조 인간 혹은 인조 개에 '호흡'을 불어넣는 과정은 분명히 없을 거라고 확신합니다. 우리는 그 호흡을 개성이라고 부르고, 각 인간의 고유한 특징이라고도 말합니다. 아름다운 『미드라시midrash』*에, 랍비들이 동전 제조자와 신의 차이점을 이야기하는 내용이 나옵니다. 동전 제조자는 각각의 은화에 똑같은 표시를 새겨넣어 완전히 동일한 동전들을 만

---

* 성서 구절을 개인의 생활에 적용하여 해석한 유대교의 성서 해설서.

들어냅니다. 반면에 신은 각각의 인간에게 '영'을 불어넣고 모든 인간에게 영혼이라는 똑같은 선물을 주지만, 완전히 똑같은 사람들은 세상에 없습니다. 우리는 각각 단 하나뿐인 유일한 존재입니다."

이와 관련하여 신앙인들은 오직 신만이 다스릴 수 있는 지식과 영역을 인간이 침범한 것 같다고 우려한다. 이러한 우려는 오래전부터 시작되었다. 밀튼의 『실낙원』(1667)은 현대 과학이 시작되었던 뉴턴의 시대에 쓰였다. 이 작품 속에서 아담이 천사 라파엘에게 천체 역학에 대해 질문하는 장면이 나오는데, 라파엘은 그에 관해 몇 가지 모호한 암시를 준 후 다음과 같이 말한다. "그 외 나머지 일에 대해서는,[59] 위대한 건축가께서 그의 비밀이 드러나고 누설되지 않도록 인간과 천사, 즉 마땅히 그를 우러러봐야 하는 모든 이로부터 그 비밀을 지혜로이 숨기고 계신다."

1996년, 영국의 임상배아연구원인 이언 윌머트Ian Wilmut가 어른 양의 세포에서 어린 양(돌리Dolly라는 이름을 갖고 있는)을 복제했을 때, 그것이 과학적인 성공임에는 의심할 여지가 없었지만, 윤리적으로나 신학적으로는 전 세계에 경고음을 울리는 일이 되었다. <뉴욕타임즈>는 양 세포를 조작한 사람들을 '가장 금기시되었던,[60] 그리고 현대 세상에서 사람들을 가장 애타게 했던 문을 기어이 열어버린 자들'이라고 표현했다.

복제는 단순한 문제가 아니며, 우리는 치료적 복제술 therapeutic cloning(질병을 치료하기 위한 복제술)과 생식적 복제술 reproductive cloning(새로운 유기체를 생산하기 위한 복제술)을 구분해야만 한다. 인간 복제 문제가 나오면, 대부분의 종교 단체들은 관련 연구를 완강히 반대하거나 그 의도를 매우 의심스러워한다.

돌리에 관한 연구 업적이 발표되었을 때는 종교인뿐 아니라 많은 사람이 불안에 떨었다. 수십 건의 기사 제목에 '신처럼 행세하다'라는 문구가 들어 있었다. 심지어 오늘날에 이르러서도, 최근 발표된 갤럽Gallup 여론 조사에 따르면[61] 미국인 36퍼센트가 동물 복제 연구가 '도덕적으로 용인할 수 있다'라고 답한 반면, 63퍼센트는 여전히 '도덕적으로 잘못되었다'라고 생각한다.

존스홉킨스대학교Johns Hopkins University 생명윤리학 교수이자, 버먼생명윤리연구소Berman Institute of Bioethics의 설립자인 루스 페이든Ruth Faden은 '도덕적 지위moral status'의 관점을 가지고 인공 유기체 문제에 관한 체계를 만들었다. 각 독립 유기체의 '도덕적 지위'는 그 유기체의 권한과 가치를 결정하고, 우리 인간이 그것을 어떻게 도덕적으로 다루어야 하는지에 대한 변수를 설정한다.

20세기에 낙태 논쟁 및 인간 태아가 도덕적 지위를 갖고 있는가에 관한 문제가 대두되면서 이 도덕적 지위라는 용어도 널리 사용되기 시작했다. 페이든 교수는 나와 그 내용에 대해, 특히 합성생물학과 관련된 대화를 나누면서 이렇게 말했다.

"생명체가 어떻게 형성되었는지가 과연 중요할까요?[62] 과학적으로는 확실히 중요한 문제입니다. 하지만 그렇게 해서 만들어진 유기체에게도 중요한 문제일까요? 그것을 바위 밑에서 갓 채취한 유기체들과 별개로 취급해야만 할까요? 세상에는 윤리적 영역 안에서 유기체와 무기체 사이에 짙은 금을 그어놓은 사람들이 있습니다. 생명체가 가진 가치를 무기체는 갖고 있지 않지요. 그래서 누가 도덕적 지위를 갖고 있는가에 대한 문제로 엄청난 논쟁이 벌어지고 있습니다."

페이든은 종교를 가진 사람들의 입장에서 이렇게 말했다. "우리는 어쩌면 생명의 불꽃이 어디에 있는지를 다시 정의하고 있는 것일지도 모릅니다." 그리고 종교가 없는 사람들은 도덕적 지위의 경계선을 감정 및 지각능력을 가진 유기체와 그렇지 않은 유기체 사이에 그어야 한다고 제안한다면서 이렇게 덧붙였다. "그들에게 중요한 것은 영혼이 아니라 쾌고감수능력快苦感受能力, sentience 입니다." 지각능력과 자의식은 확인하기가 쉽지 않다. 하지만 그 경계선이 어디가 되었든, 미래 언젠가 생물학자들은 쾌고감수능력이 있는 생물체를 만들 수 있는 능력을 얻게 될 것이다.

적어도 <스타트렉>을 쓰고 창조한 작가가 봤을 때, 데이터 중령은 도덕적 지위를 갖고 있을 것이다. 그렇다면 빅터 프랑켄슈타인이 생명을 불어넣은 피조물도 도덕적 지위를 갖고 있을까? 배우고 말할 수 있는 능력이 있는 컴퓨터도 도덕적 지위를 갖고 있을까? 랍비 그린슈타인의 관점에서 보면, 이들에게는 모두 영혼이 없다.

하지만 그중에는, 누군가 도덕적 지위를 부여할 대상으로 정의한 대로 쾌고감수능력을 가진 존재도 있다. 1980년대와 1990년대 캄보디아에서 수도승의 생활을 재정립하는 데 중요한 역할을 한 불교의 승려 요스 헛 케마카로Yos Hut Khemacaro는 영혼을 믿지 않는 불교인들은 인간이 만든 생명체에 문제가 없다고 본다면서 이렇게 말했다. "생명체가 가진 '자연스러운' 특성이 보인다면, 그들에게도 도덕성과 가치, 존엄성을[63] 부여해야 한다고 생각합니다."

이 연구를 지켜보는 이들 중에는 합성생물학을 기하급수적으로 진보하는 동시에 제한도 필요로 하는 더 큰 맥락

---

* 쾌락과 고통을 느낄 수 있는 능력.

의 종합적인 기술로 보는 사람들이 있다. 미국 버클리에 있는 유전학과 사회를 위한 센터Center for Genetics and Society의 전 이사이자, 사회 및 정치 옹호가인 리처드 헤이스Richard Hayes는 다음과 같이 말했다.

"우리는 인류 역사의 정점에, 혹은 아주 가까이에[64] 다가왔습니다. 이 신기술이나 그 특정 기능의 장단점을 논할 단계는 이제 지났습니다. 나는 우리가 크고 깊게 숨을 들이쉬고 한 걸음 성큼 물러나서, 지금 어디에 와 있는지, 어떻게 여기에 오게 됐는지를 생각하고, 우리 자신에게 사회적, 정치적, 기술적인 모든 차원에서 어느 방향으로 함께 나아가고 싶은지를 평가할 수 있는 시간과 공간을 주어야 한다고 생각합니다. 우리는 선을 그을 필요가 있습니다. 만일 과학자들에게 살아 있는 세포, 이를테면 대기에 있는 이산화탄소를 제거하는 데 효과적인 세포 하나를 만들도록 허락한다면, 그보다 더 효과적인 두 개짜리 세포나, 바다의 오염물질을 제거해 주는 200개 또는 2,000개짜리 세포의 유기체를 만드는 일도 허용해야 하지 않을까요? 더 나아가 인간의 특정 인지능력을 가지고, 수많은 유용한 목적으로 훈련할 수 있는 물고기나 쥐와 같은 생명체도 만들 수 있게 해주어야 하지 않을까요? 만약 그것도 허락하게 된다면, 그보다 더 유용한 일도 할 수 있는 인간형 하이브리드도 허용해야 하지 않을까요?"

안전성 문제는 분명히 있다. 1970년대 초, 스탠퍼드대학교의 폴 버그Paul Berg는 두 개의 다른 유기체, SV40이라는 바이러스와 *대장균*이라는 흔한 박테리아에서 DNA를 함유한 DNA 혼합고리를 생산했다. 버그는 이 인공적으로 재조합된 DNA를 다시 대장균에 주입할 계획을 하고 있었다. 그러나 이전에 없었던 새로운 유기체를 생성할 경우 어떤 문제가 발생할지 모른다는 우려가 제기되었을 때, 버그는 실험을 중단했다.

이어 미국 국립과학아카데미U.S. National Academy of Science에서는 재조합 DNA 연구의 안전성 문제를 확인하기 위해 위원회를 소집했다. 위원회의 보고서가 발표된 1974년, 그 위험성에 관해 더욱 제대로 알기 전까지 과학자들은 특정 종류의 재조합 DNA 연구를 전 세계적으로 연기하도록 권고받았다. 위원회는 보고서에 이렇게 작성했다. "인공 재조합 DNA 분자가 생물학적으로 해롭다고 판명될 수 있는 심각한 우려 사항이 있다.[65]"

그로부터 45년 이상의 세월이 흐른 지금, DNA 재조합 기술은 안전성에 대한 지침 아래에서 새로운 백신을 만들고, 휴먼인슐린human insulin 등의 단백질 치료법과 피복 인자 및 유전자 치료법을 제공하며 인간 생활에 엄청난 도움을 주고 있다.

더욱 최신의 연구적 성과가 2010년에 있었다. 크레이그 벤터J. Craig Venter와 그의 동료들이 이미 존재하는 박테리아 유전자를 변형한 후 그것을 원래 있던 DNA를 제거해 놓은 박테리아에 주입해서 새로운 유전자 세트를 만들었는데, 이 합성유전자가 박테리아를 차지한 것이다. 이 연구 성과로 인해, 오마바 대통령 지휘 하에 대통령 조사 위원회가 소집되었다. '합성생물학과 신기술의 윤리The Ethics of Synthetic Biology and Emerging Technologies'라는 제목의 보고서에서 위원회는 이렇게 언급했다.

"벤터 연구소의 연구 및 합성생물학은[66] 오래 지속되어 온 생물학 및 유전학 연구가 맞이한 새로운 길의 초입에 들어섰다. 지난 5월의 [벤터의 연구 성과에 관한] 발표는 여러 방면에서 대단한 내용이지만, 과학적으로나 도덕적 문제로 봤을 때 생명을 창조한다고 여길만한 것은 아니다. (…) 추후의 위험성 발생 가능 여부와 상관없이, 우리 위원회는 인간의 생활 조건과 환경에 이익을 제공하기 위해, 모든 위험이 확인되고 완화될 때까지 합성생물학의 연구 유예를 선언하거나 단순히 '과학이 분열되도록 내버려 두는 일'은 경솔하다고 판단했다. (…) 따라서 위원회는 그에 대한 절충안으로,

시간이 지남에 따라 나타날 수 있는 잠재적 위험과 현재 확
인된 위험성을 주의 깊게 감시하고, 확인하고, 완화할 수 있
도록 신중한 경계 시스템을 구축하길 제안한다."

1981년, 위대한 이론물리학자 리처드 파인만이 세상
을 떠나기 몇 년 전에 BBC의 텔레비전 프로그램「호라이즌
Horizon」에서 그와 인터뷰를 했는데, 노벨상 수상에 관한 질
문을 하자 파인만은 이렇게 대답했다. "스웨덴 학술원Swedish
Academy에서 내 연구가 노벨상을 받을 만큼 대단하다고 판단
한 일은[67] 그리 중요한 게 아니라고 생각합니다. 나는 이미
상을 받았습니다. 새로운 것을 알아내는 즐거움, 뭔가를 발
견했을 때의 쾌감, 내 연구물을 이용하는 사람들의 모습, 그
런 것들이 진짜 상이지요."

잭 쇼스택 또한 노벨상 수상자이다. 그는 당연히도 자기
연구의 신학적, 윤리적, 그리고 철학적인 측면에 대해 잘 알
고 있다. 또한 합성생물학 분야가 일반적으로 제공할 수 있
는 의학적이고 사업적인 기회들도 알고 있다. (1990년대, 쇼
스택과 그의 동료들은 새로운 종류의 단백질을 생산하기 위해 생
명공학 스타트업 회사를 창업했다. 그는 이렇게 회상했다. "비록
사업은 성공하지 못했지만,[68] 굉장히 재미 있고 교육적인 경험이
었다.")

그러나 쇼스택과 다른 수많은 기초 과학자들을 이끄는 힘. 이들을 늦은 밤까지 실험실이나 책상 앞에 잡아두고, 가끔은 가족이나 친구를 포함해 다른 그 무엇도 생각하지 못하게 만드는 것, 그것은 바로 파인만을 이끌었던 '새로운 것을 알아내는 즐거움'이다. 우리 행성에서 생명은 어떻게 시작되었을까?

최초로 복제된 세포는 어떤 모습일까? 어떻게 하면 무기물에서 유기물을, 무생물에서 생물을 만들고, 단순한 화학물질로부터 꿈틀거리고, 자라고, 진화하며, 번식하는 생명체를 탄생시킬 수 있을까? 이보다 더 심오한 질문은 없을 것이다. 그러나 이 질문들은 그저 심오하기만 한 것이 아니다. 이것은 무언가를 발견하는 데서 오는 원초적인 즐거움이자, 자연의 어떤 원리를 최초로 이해한 사람이 될 수 있다는, 그 어디에도 견줄 수 없는 황홀감인 것이다.

쇼스택 교수와 대화하는 동안, 나는 그의 조용한 목소리에 담긴 열정을 느낄 수 있었다. 그는 자신의 자서전에 원시적인 복제 분자(쇼스택은 이것을 변형 핵산modified nucleic acids 또는 유전적 중합체genetic polymers라고 부름)의 생성 연구에 대해 이런 글을 적었다. "나는 실험실에서 변형 핵산의 합성을 위한 새로운 접근법을 개발하고 있는 사람들의 모습을 보며 전율을 느낀다. 그러나 주형지향적template-directed 중합 실험의 결과를 기다릴 때마다 느끼는 긴장감은 정말 견디기 어렵다. 현재의 유리한 입장에서 보더라도, 유전적 중합체를 화학적으로 복제하려는 문제에 관한 해결책이 많이 있을지, 하나뿐일지, 아니면 전혀 없을지는 확실히 알 수 없다. 하지만 그 무엇이 되었든 흥미진진한 탐구 영역인 것은 분명하다."

과학에 대한 쇼스택의 즐거움과 파인만의 즐거움을 구분할 수 있는 중요한 차이점이 하나 있다. 이론물리학자였던 파인만은 혼자 연구했다. 반면에, 쇼스택과 같은 현대의 생물학자 대부분은 대학원생과 박사후과정 학생들, 또는 다른 동료들에 둘러싸여 단체로 연구한다. 생물학은 좀 더 사회적인 학문 분야가 되었다. 그리고 이런 환경에서 느끼는 동료의식은 쇼스택과 다른 고차원적인 생명체들에게 추가적인 즐거움을 선사한다. 쇼스택 교수와의 만남이 끝나갈 무렵, 그는 자신의 지난 10년에 대해 이렇게 말하며 마무리했다. "나는 동료들과 제자들, 박사후과정 학생들과 이야기 나누는 일을 가장 좋아합니다. 연구실이 있어서 제일 좋은 점은 젊은 사람들이 발전하도록 도와줄 수 있다는 것입니다."

2장

마음의 과학적 구조

천억 개

나는 우리 뇌에 있는 뉴런(신경세포)의 수와 은하계에 있는 별들의 수가 천억 개로 거의 같다는 사실에 항상 놀라움을 느꼈다. 뉴런은 의식, 즉 정신을 구성하는 한 단위를 의미하고, 별은 거대한 물체처럼 보이는 빛나는 우주 물질의 한 단위를 의미한다. 어쩌면 이것은 우연의 일치에 불과하며 별 대수롭지 않은 문제일 수 있다. 그런데도, 이 사실은 우주 속에서의 우리 위치를 상기하도록 만든다. 코페르니쿠스와 다윈이 우리의 위치를 상기시키고 재구성한 것처럼 말이다.

우리는 우주적 물질일 뿐만 아니라, 별들 속에서 만들어진 정밀한 존재이다. 별의 핵반응으로 인해 우리 원자들, 우리를 구성하는 특정한 원자 하나하나가 만들어졌다. 이후 그 별이 폭발하자 원자들은 우주 밖으로 내던져졌으며, 소용돌이치고 응축되었다가 수백만 년 후에 행성이 되었고, 궁극적으로 단세포 유기체가 되었으며, 마침내 우리 인간이 되었다.

우리는 말 그대로 우주 일부이다. 흔히들 우주에는 두 종류의 물질이 있다고 믿는다. 하나는 무생물인 물질로, 바위나 물, 행성 그리고 별과 같은 것이며, 다른 한 종류는 어떤 초자연적이고 초월적인 본질을 타고난 생물을 말한다. 그러나 우주에는 오직 한 가지 종류의 물질만이 존재한다. 그것은 원자로 된 물질이다. 바위와 물, 공기, 나무 그리고 인간까지 이 세상의 모든 것은 동일한 원자로 구성되어 있다.

하지만 이 원자의 집합체가 인간의 의식, 사랑과 분노의 감정, 자의식과 자기반성, 추억, 화가나 철학자, 과학자의 능력 등 그 모든 정교한 감각을 만들어낸다는 사실은 언제나 놀랍다. 어떻게 이런 일이 가능할까? 영국의 철학자 콜린 맥긴Colin McGinn은[69] 인간이 자신의 정신 밖으로 나가 그것을 분석하는 일은 불가능하므로, 그 누구도 의식consciousness을 이해할 수 없다고 주장했다. 우리는 3파운드(약 1.4킬로그램)짜리 회백질 덩어리에 꼼짝없이 갇힌 채, 그 한계 속에서 사고하고 지각한다. 맥긴의 옳고 그름과 상관없이, 우리는 물리적 우주에 관한 모든 논의가 우리의 인식과 우리의 언어 그리고 우리가 만들어 놓은 방법에 그 근거를 두고 있음을 분명히 인정해야만 한다. 그리고 세상 속에서 개인적으로 경험한 모든 일 속에는 우리의 기억과 변형된 기억도 포함되어 있음을 알아야 한다.

우리 인간들에게 정신이란 현실에 대한 묘사의 일부분일 수밖에 없다. 우리는 다른 동물을 공부하고, 식물과 핵반응, 세포 분열, DNA, 행성, 별들을 연구한다. 그리고 우리 자신을 그런 연구에 포함시킨다. 왜냐하면, 우리는 우리 정신 밖에서 생각할 수 없기 때문이다. 따라서 과학자이자 수학자인 파스칼이 무한히 작은 것과 무한히 큰 것에 대해 생각하면서 인간을 같은 문단에 포함시킨 것은 어쩌면 당연한 일이다. 그러나 내가 위에서 언급한 대로, 무한은 두려워할 것이 아니다. 그보다는 포용해야 하는 것이다. 우리가 그 무한의 일부이기 때문이다.

수년 전, 나는 처음으로 두 살짜리 딸아이와 함께 바다에 갔다. 우리는 바다가 보이지 않는 먼 곳에 주차를 한 다음, 울퉁불퉁한 모래밭과 게 껍데기들, 달리다 서기를 반복하는 피리 물떼새들을 구경하며 넓은 모래사장을 가로질러 걸어갔고, 마침내 모래언덕을 모두 건넜다. 그리고 그곳에는 저 멀리 하늘과 닿는 곳까지 쭉 뻗은 바다가 시원하게 펼쳐져 있었다. 그 광경은 내 딸이 처음으로 맞닥뜨린 무한이었다. 바다를 처음 본 순간, 아이의 얼굴이 바짝 얼었지만, 그 표정은 곧 환한 미소로 바뀌었다.

미소

3월의 어느 토요일 아침이었다. 느릿하게 잠자리에서 일어난 남자는 창문 유리를 만져보고는 꽤 따뜻한 날이니 내복을 입지 않아도 되겠다고 생각했다. 그는 기지개를 켜고는 옷을 입은 후 밖으로 나가 조깅을 했다. 그리고 다시 집으로 와 샤워를 하고, 스크램블 에그를 만들어 먹은 다음 소파에 앉아 『E. B. 화이트의 에세이 Essays of E. B. White』를 읽었다. 정오즈음 자전거를 타고 서점에 간 그는 여기저기 둘러보며 두세 시간 정도를 보냈다. 그러고는 다시 자전거를 타고 작은 마을로 돌아와 그의 집 앞을 지나서, 그 호수로 갔다.

그날 아침, 잠에서 깬 여자는 침대에서 일어나 곧장 그녀의 작업대인 이젤로 가서 파스텔을 집어 들고 그림을 그리기 시작했다. 한 시간 후, 빛의 효과에 만족한 여자는 그리기를 중단하고 아침 식사를 했다. 그리고 신속하게 옷을 입고는 화장실 창문에 설치할 블라인드를 사기 위해 가까이에 있는 가게로 갔다. 그곳에서 친구들도 만나 함께 점심을 먹었다. 이후, 혼자 있고 싶어진 그녀는 호수로 차를 몰았다. 이제, 남자와 여자는 나무로 된 부두 위에 서서 호수의 풍경과 물결이 일렁이는 모습을 감상하고 있다. 아직 서로를 알아채지 못했다.

남자가 돌아섰다. 그 순간, 여자에 대해 남자에게 알려주는 일련의 사건들이 시작되었다. 그녀의 몸에서 반사된 빛이 즉시, 초당 10조 개의 빛 입자가[70] 통과할 만큼 빠른 속도로 남자의 동공에 들어갔다. 일단 각 눈의 눈동자를 통과하면, 빛은 타원형 렌즈를 이동한 후, 투명하고 젤리 같은 물질로 가득 찬 안구를 지난 다음, 망막 위에 안착한다. 여기가 바로 1억 개의 간상세포rod cell와 원추세포cone cell*가 모여 있는 곳이다.[71]

반사된 빛이 많이 모이는 경로에 있는 세포들은 그만큼 많은 양의 빛을 감지하며, 반사된 장면의 그림자 부위에 있는 세포는 빛을 거의 감지하지 못한다. 예를 들면, 이제 햇

---

* 간상세포는 망막에 있는 가느다란 모양의 시세포로 명암을 식별하는 역할을 하며, 원추세포는 망막에 있는 통통한 모양의 시세포로 색깔을 구별할 수 있게 해준다.

빛 아래서 반짝이는 여자의 입술은, 남자의 망막 뒤편 중앙에서 북동쪽으로 약간 기울어진 곳에 있는 작은 세포 조각으로 높은 강도의 빛을 반사시킨다. 반면에, 그녀의 입술 가장자리 부근은 상대적으로 어두워서, 북동쪽에 인접한 세포들은 상대적으로 빛을 덜 받는다.

빛의 각 입자는 탄소 원자 20개와 수소 원자 28개, 산소 원자 1개로 이루어진 레티넨retinene 분자를 만나는 순간,[72] 눈 속 여행을 끝마친다. 각각의 레티넨 분자는 휴면 상태일 때는 단백질 분자에 부착되어 있으며 11번째 탄소 원자와 15번째 탄소 원자 사이가 비틀어져 있다. 그러나 빛을 쏘이면 레티넨 분자는 곧게 펴지면서 단백질로부터 분리된다. 지금 여러분의 눈 속에 있는 약 30,000조 개의 레티넨 분자에서 매초 일어나는 현상과 마찬가지다. 이후로 여러 개의 중간 단계가 지나가면, 레티넨 분자는 다시 꼬부라진 모양으로 돌아가고 새로운 빛 입자가 오기를 기다린다. 남자가 여자를 본 지 1,000분의 1초도 채 지나지 않은 시간 동안 일어난 일이다.

레티넨 분자들과 신경세포 또는 뉴런이 움직이자 반응이 일어났다. 처음에는 눈에서였고, 다음은 뇌 차례다.[73] 예를 들어, 뉴런 하나가 이제 막 행동하기 시작했다. 세포 표면에 있는 단백질 분자들이 갑자기 모양을 바꾸고, 주변 체

액을 흐르던 양전하를 띤 나트륨 원자의 흐름을 차단한 것이다. 이렇게 전하를 띤 원자의 흐름을 바꾸면, 세포를 통해 전달되던 전압이 변하면서 전기적 신호가 생성된다. 1인치(약 2.5센티미터)의 짧은 거리를 이동한 전기적 신호가 뉴런의 말단에 다다르면 그곳에서 특정 분자가 방출된다. 그리고 이 분자는 10만분의 1인치만큼 떨어진 다음 뉴런으로 가서 정보를 전달한다.

양팔로 몸을 감싸며 서 있는 여자는, 사실 고개가 5.5도 정도 기울어져 있었다. 그녀의 머리카락이 어깨까지 내려왔다. 이 정보를 포함해 훨씬 더 많은 시각적 사실들이 남자의 눈 뒤에 있는 다양한 뉴런 속에서 전기 펄스electical pulses에 의해 정확한 신호로 변했다.

그리고 이 전기적 신호는 몇천분의 일 초 만에 신경절 뉴런ganglion neuron에 도달하며, 눈 뒤쪽의 시신경에 모여 있는 이 신경절 뉴런들은 전기적 신호가 갖고 있던 정보를 뇌로 운반한다. 여기에서 이 전기 자극은 1차 시각피질로 빠르게 이동한다. 이 1차 시각피질은 10분의 1인치 정도 두께에 면적은 약 2제곱인치인 매우 주름이 많은 조직층이며, 총 6개의 층에 1억 개의 뉴런을 가지고 있다. 4번째 층에서 먼저 전기적 신호를 입력받아 분석한 다음에 다른 층의 뉴런으로 정보를 전송한다. 매 단계에서 각 뉴런은 수천 개의 다른 뉴런으로부터 신호를 전달받은 후, 그 신호를 결합하여(어떤 것은 서로 상쇄되기도 함), 그 계산된 결과를 천 개가 넘는 다른 뉴런으로 발송한다.

약 30초 후, 반사된 빛 입자 몇백조 개가 남자의 눈에 들어가서 처리된 후에, 여자가 "안녕하세요"하고 인사했다. 그 순간, 여자의 성대에서 출발한 분자들이 공기 중에서 함께 밀렸다가 멀어지고, 또다시 밀려 나가면서 스프링 모양으로 이동하다가 남자의 귓속으로 들어갔다. 이 소리는 50분의 1초 만에[74] 여자에서 남자에게까지 (약 6미터) 이동했다.

남자의 각 귀에서는, 공기가 진동하면서 고막까지의 길을 빠르게 감싼다. 고막은 귓구멍 바닥에서 55도 정도 기울어져 있는[75] 직경 약 0.3인치의 타원형 막인데, 공기가 진동하면서 이 고막 자체도 떨리게 되고, 그 움직임이 3개의 작은 뼛조각에까지 전달된다. 여기에서 일어난 진동이 달팽이관cochlea의 액체를 흔든다. 달팽이관은 두 바퀴 반 정도 나선형으로 말려 있는 달팽이 모양의 관이다.

이 달팽이관 안에서 음조tones가 해독된다. 이곳에서 매우 얇은 막이 출렁이는 액체와 보조를 맞춰 흔들리고, 이 기저막은 하프의 현처럼 다양한 두께의 가는 섬유들을 움직인다. 멀리 있던 여자의 목소리가 이 하프를 연주하는 것이다. 그녀의 인사 소리는 낮은 음역에서 시작했다가 끝으로 갈수록 높아졌다. 정확하게는, 기저막에 있는 두꺼운 섬유가 먼저 진동했고, 이어서 점점 더 얇은 섬유가 진동했다. 그리고 마지막으로, 기저막 위에 자리 잡은 수만 개의 막대 모양 섬유들이 그들의 특정한 떨림을 청각신경에 전달했다.

인사를 건네는 여자의 목소리 정보는 전기적 형태로 청각신경의 뉴런을 따라 빠르게 이동했다. 시상thalamus을 거쳐, 대뇌피질cerebral cortex의 특정 구역에 도달한 것이다. 이렇게, 남자의 뇌에 있는 천억 개의 뉴런 중 많은 부분이 방금 획득한 시각적, 청각적 정보를 처리하는 일에 사용되었다. 나트륨과 칼륨으로 된 문들이 열리고 닫힌다. 전류가 뉴런 섬유를 따라 빠르게 흐른다. 분자들이 한 신경세포 끝에서 다음 신경세포로 흘러간다.

이 모든 사실은 우리가 이미 알고 있는 내용이다. 우리가 아직 모르는 것은, 약 1분 후, 남자가 여자에게 걸어가 미소를 짓는 이유이다.

주의력의 해부학적 구조

매 순간, 우리의 뇌는 안팎으로부터 정보 폭격을 당한다. 눈만 하더라도 매초 천억 개 이상의 신호를 뇌로 전달하며, 귀로는 소리들이 물밀 듯이 밀려든다. 그리고 생각과 의식, 무의식이라는 내면의 파편들이 뉴런에서 뉴런으로 빠르게 이동하며 돌아다닌다. 이 정보들 대부분은 무작위적이며 무의미하다. 실제로, 우리 몸이 제대로 기능하기 위해서는 그중많은 부분이 무시되어야 한다. 하지만 분명히 살아남는 정보들이 있다. 우리 뇌는 어떻게 필요한 정보를 골라낼 수 있는 걸까? 어떤 방식으로 구분을 해서 화재경보기의 경고음에는 주의를 기울이고, 수도꼭지에서 새는 작은 물방울 소리는 무시하는 걸까? 우리는 대체 어떻게 특정 자극을 자각하게 되거나, 실제로 '의식'하는 걸까?

수십 년 동안, 수많은 심리학자와 철학자, 과학자들은 정신의 인지모델cognitive models을 기반으로 우리가 주의를 기울이는 과정에 대해 논의해 왔다. 그러나 현대 과학의 관점에서 봤을 때, '정신'은 신체와 분리된 비물질적이고 외적인 개념이 아니다. 정신에 대한 모든 문제는 궁극적으로 물리적세포의 연구에서 그 해답을 찾을 수 있으며, 뇌 안에서 벌어지는 천억 개 뉴런의 활동으로 이해할 수 있다. 이 단계에서의 문제는, 어떻게 한 집단의 뉴런들이 다른 뉴런 집단과 인지 명령 센터에 중요하게 해야 할 말에 대한 신호를 보내는가 하는 것이다.

최근에 신경과학자 로버트 데시몬Robert Desimone의 사무실을 방문했을 때, 그는 이렇게 말했다. "몇 년 전까지만 해도 우리는[76] 다양한 자극에 따라 뇌의 어떤 부위가 빛나는지 아는 데에 만족했습니다. 그러나 이제는 그 기제mechanism를 알고 싶습니다." 데시몬은 매사추세츠공과대학교MIT의 맥거번 뇌과학 연구소McGovern Institute for Brain Research를 총괄하고 있다. 62세인 그는 머리도 별로 희끗거리지 않고 늘씬하고 젊어 보였으며, 편안하게 파란색 줄무늬 셔츠를 입고 있었다. 아담한 사무실의 책장 위에는 어린 두 자녀의 사진들이 놓여 있었으며, 벽에는 「신경 정원Neural Gardens」이라는 제목의 커다란 수채화가 걸려 있었다. 이 수채화에는 어떤 숲의 비옥한

토지 아래에 얽혀 있는 뿌리처럼 뉴런이 얽힌 숲, 축삭돌기 axon와 가지돌기dendrite* 가 서로를 휘감고 있는 모습이 그려져 있었다.

2014년 〈사이언스〉에 발표된 논문에서, 데시몬과 그의 동료 다니엘 발도프Daniel Baldauf는[77] 주의를 기울이는 현상의 물리적 기제를 밝히는 실험에 대해 보고했다. 이 실험에서 연구진은 피실험자들을 대상으로 얼굴과 집이 담긴 두 종류의 이미지들을 보여주었다. 그리고 이 이미지들을 마치 영화 필름처럼 빠른 속도로 보여주면서 집 이미지는 무시하고 얼굴 이미지에만 주의를 기울이도록 (또는 그 반대로 하도록) 요구했다. 이 이미지들은 서로 다른 주파수로 깜박임으로서 '식별tagged'되었는데, 먼저 얼굴 이미지는 3분의 2초마다 새로운 얼굴 이미지로 바뀌었고, 집 이미지는 2분의 1초마다 바뀌었다. 연구진은 자기뇌파검사법magnetoencephalography(MEG)과 기능자기공명영상법functional magnetic resonance imaging(fMRI)을 이용해 피실험자들 뇌의 전기적 활동 주파수를 확인하였고, 데시몬과 발도프는 그 결과를 통해 이미지 영상이 뇌의 어

* 축삭돌기와 가지돌기는 뉴런의 구성원이다. 축삭돌기는 기다란 줄기 모양으로 세포체에서 시작된 전기적 신호를 신경 말단까지 빠르게 전달하는 역할을 한다. 가지돌기는 수상돌기라고도 하는데 가느다란 가지처럼 생긴 세포질이며, 다른 뉴런에서 신경 자극을 받아 세포체로 전달하는 역할을 한다.

느 영역으로 향하는지 알 수 있었다.

과학자들은 우리 눈이 서로 뒤섞인 두 종류의 이미지들을 연달아서 보더라도, 뇌에서는 각 이미지를 서로 다른 부위에서 처리한다는 사실을 발견했다. 얼굴 이미지는 얼굴 인식에 특화된 것으로 알려진 측두엽temporal lob 표면의 특정 영역에서 처리되었고, 집 이미지는 인접한 구역이긴 하지만 위치 인식에 특화된 별도의 뉴런 집단에서 처리되었다.

이 연구에서 가장 중요한 점은, 두 영역의 뉴런들이 서로 다르게 행동한다는 사실이 밝혀진 것이다. 피실험자들에게 집 이미지는 무시하고 얼굴 이미지에 집중하라고 요구했을 때에는, 얼굴 인식 구역에 있는 뉴런들이 마치 다 같이 노래하는 사람들처럼 한꺼번에 발화, 즉 전기적 활동을 시작했다. 반면에, 집을 인식하는 구역에 있는 뉴런들은 함께 노래하는 사람들이 각각 다른 파트를 노래하듯 산발적으로 발화하는 모습을 보였다.

피실험자들이 얼굴 이미지는 무시하고 집 이미지에 주목했을 때는 현상이 반대로 나타났다. 게다가 뇌의 또 다른 영역인 전두엽frontal lobe에 하전두연접inferior frontal junction이라는 구슬 하나 크기만 한 부분이 있는데, 이곳에서 동기화된 뉴런들의 합창을 조율하는 것 같았다. 왜냐하면, 측두엽의 뉴런들이 발화되기 바로 직전에 이 영역의 뉴런들이 먼저 발화했기 때문이다. 세포적 단계에서 봤을 때, 우리가 무언가에 '주의를 기울이는 것'으로 인식하는 행위는 동기화된 뉴런 집단이 발화하는 데서 비롯된 것이 분명하다. 그리고 이 뉴런 집단의 활발한 전기 활동은 마치 군중이 웅성거리는 소리처럼 배경음악으로 깔리게 된다. 이에 대해 데시몬은 이렇게 말했다. "이 동기화된 합창을 통해, 주목해야 할 정보가 다른 뇌 영역의 도움을 받아 더욱 효과적으로 '들릴' 수 있습니다."

주의력과 신경 동기화neuronal synchrony 사이의 연관 관계에 대한 가설은 20년 전에 신경과학자 에른스트 니버Ernst Niebur 와 크리스토프 코흐Christof Koch에 의해 처음 세워졌다. 데시몬은 2001년에 진행한 특정 사례에 관한 연구를 통해 그 가설을 증명한 최초의 과학자로 손꼽히게 되었다. 데시몬은 이 분야의 개척자로 다양한 과학자들의 이름을 빠르게 열거했는데, 그중 한 명이 물리학과 신경생리학, 컴퓨터 신경 모델링 기술을 모두 결합하여 사용하는 소크 연구소Salk Institute의 존 레이놀즈John Reynolds다. 그는 빛나는 격자판 위의 각기 다른 두 영역에 빛을 비추면서, 뇌가 둘 중 어느 영역에 주의를 기울이는지를 알아보는 실험 등을 통해, 뇌의 시각 영역에서 물체의 상이 어떻게 동시에 나타나는지를 연구한다.

한편, 프린스턴대학교의 자비네 케스트너Sabine Kastner는 최근 시각적 과제에 대한 인간과 원숭이의 주의력을 비교하는 연구를 시작했으며, 컬럼비아대학교의 마이클 골드버그Michael Goldberg는 인간의 뇌가 주의를 기울이는 과정에서 측면 두정 영역lateral parietal area이라고 불리는 뇌의 특정 부위가 시각 신호와 인지 신호를 '축약sum up'시킨다는 사실을 최근에 밝혀냈다. 이렇게 성장하고 있는 신경과학 분야에서, 데시몬은 35명이 넘는 제자들을 직접 훈련시켰다.

나는 데시몬에게 뉴런의 합창을 지휘하는 지휘자(그의 연구에서는 하전두연접)는 어떻게 특정 자극이 필요하다는 것을 아는지 물어보았다. 그의 실험에서 피실험자들은 얼굴이나 집 이미지에 주의를 기울였지만, 만약 갑자기 사자가 뛰어들거나 관심 있는 연애 상대가 나타나는 등 예상치 못했던 자극이 생기면 어떻게 될까? 이 질문에 데시몬은 이렇게 답했다. "우리도 아직 그것에 대한 답을 설명하지 못합니다."

어떻게 무작위로 들리는 수많은 소리들이 동기화가 되는 걸까? 단순히 서로 음을 교환하는 것으로 그 일이 가능한 걸까, 아니면 외부의 지휘자가 필요한 걸까? 이 두 번째 질문을 던지자, 데시몬은 소년처럼 미소를 짓더니 서류 가방에서 작은 메트로놈 6개를 꺼냈다. 그리고 두 개의 빈 레몬 소다 캔 위에 균형을 맞춰 나무판을 올려놓고, 그 판 위에 메트로놈 여러 개를 나란히 두었다. 그다음, 메트로놈이 서로 엇박자가 나도록 작동시켰다.

그런데 2, 3분 정도가 흐르자, 모두 동시에 똑딱거리고 있었다. 메트로놈 6개가 외부의 간섭 없이 오로지 나무판의 진동만으로 서로 소통하여 동기화한 것이다. 물론 뉴런은 이와 다른 방식으로 다른 뉴런과 소통한다. 수백 개나 되는 뿌리 모양 섬유들 사이에 화학물질로 된 배달부들이 있어서 다른 뉴런으로 정보를 전달하는 것이다. 데시몬이 보여준 메트로놈은 지휘자 없이도 스스로 동기화할 수 있는 뉴런들이 존재한다는 것을 암시한다. 그러나 뉴런의 신경 처리 과정 중에서 어떤 것이 자기 조직적이고, 또 어떤 것이 더 높은 수준의 인지적 지휘자를 필요로 하는지에 대한 문제는 아직 아무도 답하지 못했다.

헤어질 시간이 되었을 때, 나는 그에게 '의식한다'라는 이해하기 어려운 경험에 관해 물어보았다. 나는 이것이 인간의 존재에 있어서 가장 심오하고 어려운 문제라고 생각한다. 어떻게 끈적끈적한 피와 뼈, 젤라틴 같은 섬유 조직이 지각하는 존재가 될 수 있을까? 그 지각하는 존재는 어떻게 자신이 주변의 것들과 다르다는 사실을 인식하게 되는 걸까? 그것은 어떻게 자기 자신과 자아와 '나만의 개성'을 발전시키는 걸까?

이에 대해, 데시몬은 망설임 없이 의식의 신비가 과대평가 되었다고 답했다. "우리가 뇌의 상세한 기제에 대해 더욱 많이 알게 될수록, '의식이란 무엇인가'하는 질문은 점점 흐릿해지고 덜 중요해지게 될 것입니다." 그의 생각처럼, 의식은 그저 정신적 경험에 대한 모호한 단어일 뿐이며, 이제 우리는 이 의식을 개별적인 뉴런들의 전기적이고 화학적인 활동이라는 관점으로 천천히 분석하고 있다.

데시몬은 비유를 들어 이야기했다. 달리고 있는 자동차를 생각해 보자. 누군가 이렇게 물을 수도 있다. "저 안에 '움직임'은 어디에 있을까?" 그러나 그 사람이 자동차의 엔진과 점화플러그에 의해 휘발유가 점화되는 방식, 실린더와 기어의 움직임을 이해하고 나면 다시는 그 질문을 하지 않을 것이다.

나 자신도 과학자이자 기계론자이지만, 데시몬의 사무실을 떠나면서 알 수 없는 상실감을 느꼈다. 왜인지 정확히 말할 수 없지만, 나는 내 생각과 감정 그리고 자아를 느끼는 내 감각이 신경세포의 전기적 감응으로 전락하는 것을 바라지 않는다.

적어도 내 존재의 어느 부분만큼은 신비로운 수수께끼의 그림자 속에 남아 있기를 바란다.

불멸

8월 초. 나는 해먹에 누워서 죽음에 대해 골똘히 생각하고 있다. 지금으로부터 100년 후, 나는 세상을 떠났을 테지만 여기 있는 가문비나무와 삼나무들은 이곳에 그대로 있을 것이다. 나무들 사이로 부는 바람 소리도 여전히 멀리서 들리는 폭포수 소리와 같을 것이다. 땅의 굴곡도 지금과 비슷하리라. 내가 이리저리 돌아다니던 길 위에 새로운 초목이 돋아날 수도 있겠지만, 그 길도 여전히 이곳에 남아 있을 것이다. 해변에 있는 돌과 바위들도 그대로 있으리라. 큰 동물의 손가락 관절 모양인, 내가 좋아하는 바위도 여전할 것이다. 가끔, 나는 그 위에 앉아서 이 바위가 나를 기억해 줄지 궁금해하곤 한다. 어쩌면 우리 집도 아직 여기에 있을지 모른다. 아니면, 소금 공기에 부서진 콘크리트 기둥 정도는 남아 있을 것이다. 그러나 언젠가는, 당연히도 이 땅도 바뀌고 변화하고 없어질 것이다. 물질적인 세상에서 영원한 것은 없다. 모든 것은 변하고 사라진다.

그렇기는 하지만, 내가 보기에 삶과 죽음의 차이점이 너무 과대평가된 게 아닌가 싶다. 나는 죽음이 의식의 약화를 통해 천천히 일어난다고 믿게 되었다.

설명을 해보겠다. 과학적인 관점에서 봤을 때 우리는 물질인 원자로 만들어졌고, 원자 물질의 집합체에 불과하다. 자세히 말하자면, 평균적으로 인간은 약 7×10^{27}(7천자秭) 개의 원자로 이루어져 있으며, 산소 65퍼센트, 탄소 18퍼센트, 수소 10퍼센트, 질소 3퍼센트, 칼슘 1.4퍼센트, 인 1.1퍼센트 그리고 54가지의 다양한 화학 원소들이 조금씩 섞여 있다. 우리 몸의 조직과 근육, 내장기관들은 모두 이 원자들로 구성되어 있다. 그리고 과학적 관점에서 보면, 그 외에는 아무것도 없다. 지적인 외계생명체가 인간을 관찰한다면, 우리는 각각 다양한 전기적, 화학적 에너지로 활동하는 원자의 집합체처럼 보일 것이다.

확실히 인간은 특별한 집합체다. 돌은 사람처럼 행동하지 않는다. 그러나 의식과 사고 등 우리가 경험하는 정신적인 감각은 뉴런들 사이에서 전기적, 화학적으로 일어나는 오직 물질적인 상호작용에 의한 물질적인 활동의 결과일 뿐이므로, 그 또한 결국엔 원자의 집합체에 불과하다. 우리가 죽으면, 이 특별한 집합체는 분해된다. 그러나 원자는 흩어질 뿐, 그대로 남아 있다.

이 점에 있어서 뇌는 특히 특별하다고 할 수 있다. 과학적 견해로 봤을 때, 뇌는 우리의 자의식이 시작되고, 우리 기억이 저장되며, 이해하기 힘든 우리의 자아와 '나만의 개성'이 형성되는 곳이다. MIT의 로버트 데시몬과 같은 신경과학자들은 뇌를 매우 자세히 연구했다. 그 덕분에 뇌의 상당 부분은 그 비밀이 밝혀졌지만, 아직 미지의 영역으로 남아 있는 부분도 많다. 그러나 뇌를 포함한 인체의 물질성은 의심할 여지가 없다. 뉴런이라는 뇌세포가 정보를 처리하고 저장하는 일을 수행한다는 사실도 충분히 증명되었다. 일반적으로 인간의 뇌에는 약 천억 개의 뉴런이 들어 있으며, 각 뉴런은 가늘고 긴 섬유에 의해 천 개에서 만 개에 달하는 다른 뉴런과 연결되어 있다. 이러한 뉴런의 전기적, 화학적 구성 요소는 이미 잘 설명되어 있다.

그러나 뇌의 물질적인 특성을 잘 알고 있음에도 불구하고, 자아와 '나만의 개성' 그리고 의식을 느끼는 감각은 굉장히 강렬하고 매력적이며, 우리의 존재에 있어 매우 본질적인 개념이지만 아직도 그것을 묘사하기란 너무나 어렵다. 그것은 우리 자신과 다른 사람들에게 신비로운 자질을 부여하고, 그 어떤 원자 집합체보다도 훨씬 더 크게 피어나는 웅장하고도 비물질적인 가치를 선사한다. 누군가는 그 신비로운 자질을 영혼이라 한다. 또 누군가는 정체성Self이라고 한다. 그리고 또 다른 누군가에게, 그것은 의식이다.

일반적으로 알고 있듯이, 영혼은 과학적으로 논할 수 없다. 그러나 밀접한 관련이 있는 자아나 의식은 과학적으로 설명 가능하다. 의식과 정체성의 경험은 수조 개의 뉴런이 전기적, 화학적 흐름으로 서로 연결되면서 발생하는 '환상'이 아닐까? 만일 환상이라는 단어가 불편하다면, 의식과 정체성을 경험했던 감각 그 자체만을 지칭해도 좋다. 우리가 정체성이라고 부르는 것은 뉴런의 특정한 전기적, 화학적 흐름에 따라 발생한 정신적인 감각에 붙인 이름이라고 할 수 있다. 그 감각은 물질적인 뇌에 그 뿌리를 두고 있다.

나는 뇌의 물질성을 강조함으로써 그 가치를 폄하하려는 것이 아니다. 인간의 뇌는 상상력과 자기 성찰 그리고 우리가 최상위의 존재에 속해 있다는 귀속감 등 온갖 위대한 성취를 이룰 수 있다. 하지만 나는 그것이 모두 원자와 분자라고 말하는 것이다. 만약 외계의 지적 생명체가 인간을 자세하게 뜯어본다면, 그/그녀/그것은 유체의 흐름 속에서 신경세포 사이에 전기적 신호가 전달되고 아세틸콜린 분자가 시냅스 사이를 이동하면서 나트륨과 칼륨 게이트가 열리고 닫히는 모습을 볼 수 있을 것이다. 그러나 그/그녀/그것은 정체성을 찾지는 못한다. 내가 생각했을 때 자아와 의식은 우리가 그 모든 전기적, 화학적 흐름에 의해 생성되는 감각에 붙여 넣은 이름이다.

만일 누군가 나의 뇌를 분해하며 뉴런을 하나하나 해체한다면, 뇌의 영역에 따라 다르겠지만, 어쩌면 먼저 운동 기술 몇 가지를 잃어버리고, 다음엔 기억 일부가 사라질 것이며, 이후에는 문장을 만들기 위해 특정 단어를 찾는 능력이나 얼굴을 인식하는 능력, 내가 어디 있는지 파악하는 능력을 잃게 될지도 모른다. 이렇게 천천히 뇌가 분해되는 동안, 나는 점점 더 혼란스러워질 것이다. 나의 자아와 정체성을 형성했던 모든 것이 점차 가장 보잘것없는 존재와 혼돈의 수렁 속으로 사라져버릴 것이다. 녹색 수술복을 입은 의사들이 뇌에서 제거한 뉴런들을 하나씩 하나씩 금속 그릇에 담을지도 모른다. 뉴런은 각각 회색의 조그마한 젤라틴 조각으로, 축삭돌기와 가지돌기 섬유질들로 엉켜 있다. 부드러워서, 하나씩 그릇에 넣을 때마다 아무 소리도 들리지 않을 것이다.

분해할 때와 마찬가지로, 녹색 수술복을 입은 똑같은 의사들이 뉴런을 하나하나씩 섬세하게 연결하고 배열하여, 뇌를 처음부터 새로 만든 후 의식을 불러낼 수도 있다. 어쩌면 그들은 결합된 뉴런들이 전기적 신호를 제대로 주고받는지를 확인하기 위해 신경세포에 어떤 장치를 연결하고, 뉴런과 연결 지점을 일일이 모두 확인할지도 모른다. 처음에는 단순한 소음만 들릴 수도 있다. 그러나 아마도 어느 순간에는 변화가 일어날 것이다. 일관된 신호일 수도 있고, 데시몬의 연구처럼 동기화된 신호일 수도 있다. 그 신호를 해석하면, 대략 이런 메시지일 것이다. "뭐야, 누가 날 가지고 장난을 쳤어."

만일 죽음을 무無라고 생각한다면, 우리는 그에 관해 상상할 수 없다. 하지만 인체가 물질적인 원자의 집합체라는 관점으로 보면 죽음은 의식이 완전히 상실된 상태이다. 이 경우에 우리는 의식이 서서히 사라짐에 따라 죽음에 점점 더 가까워진다. 삶과 죽음을 구분할 때에도 이제는 모 아니면 도와 같은 식으로 생각할 수 없다.

신경과학자 안토니오 다마지오Antonio Damasio는[78] 의식의 다양한 단계를 정의했다. '원시 자아protoself'라고 불리는 가장 낮은 단계는 유기체가 살아가는 데 가장 기본적인 과정을 수행할 수 있는 능력 외에는 아무것도 없는 의식 단계이다. 단세포생물인 아메바amoeba가 원시 자아를 갖고 있다. 나는 이 단계의 생물들은 의식과 연결하지 않을 것이다. 생각과 자기 인식을 하기 위해선 아메바의 구성물질을 훨씬 뛰어넘는 최소한의 뉴런이 반드시 필요하기 때문이다.

다음은 '기본 의식core consciousness' 단계다. 자기를 인식하고 사고하고 추론할 수 있는 능력이 있지만, 현재 순간에만 기능하며, 기억을 몇 분도 지속하지 못하는 의식 단계다. 이 단계의 유기체는 아메바를 훨씬 능가하는 수준이며, 주변 환경과 그 환경 속에서 자신의 위치에 대해 이해할 수 있을 것이다. 그러나 이 유기체의 의식은 오직 현재에만 존재한다. 정신적인 특정 질병을 앓고 있는 사람들도 이 기본의식만 갖고 있다. 그들은 몇 분 이상 지속되는 새로운 기억을 형성할 수 없다. 그들의 의식이 갇혀 있는 기간을 제외하고는 과거에 무슨 일이 있었는지를 기억하지 못한다. 과거에 알고 지냈던 사람들이나 그들이 사랑하고, 사랑받았던 사람들도 잊어버린다. 그들은 미래를 계획할 수 없다. 현재라는 순간에 갇혀버린 것이다.

의식의 최상위 단계는 '확장 의식extended consciousness'으로, 건강한 사람이라면 누구나 갖고 있다. 이 단계에서 우리는 현재에서 완벽한 생활을 할 뿐만 아니라 과거에 있었던 일도 대부분 기억할 수 있다. 우리는 과거의 경험을 바탕으로 갖게 된 세계관과 그 경험에 기반을 둔 가치 체계, 좋아하고 싫어하는 것, 그리고 우리가 가본 장소나 만났던 사람들을 모두 기억할 수 있다. 자아개념은 어쩌면 심리학자 대부분이 이해하는 대로 확장 의식, 즉 장기 기억이 있어야만 깨달을 수 있을 것이다. 이런 내용은 아직도 다 밝혀지지 않은 복잡한 문제들이다.

녹색 수술복을 입은 상상 속 의사들에 의해서든, 신경 질환으로 인한 뇌의 악화 때문이든 간에, 천천히 분해되는 인간의 뇌는 확장 의식에서 시작하여 기본 의식을 거쳐 원시 자아로 가는 과정을 밟을 것이다. 어쩌면 순서대로 분해되지 않을 수도 있다. 확장 의식과 기본 의식들을 뭉텅뭉텅 드러내어, 최후에는 아무것도 없이 원시 자아만 남을지도 모른다. 그러나 어떤 식이든 상관없이, 처음엔 완전한 의식을 가졌던 뇌는 결국 아메바와 같은 존재가 되어, 생물학자들이 정의한 대로 원초적인 수준에 머물게 될 것이다. 사람은 충만한 삶으로 시작해서 죽음, 또는 죽음에 준하는 상태로 끝난다. 누군가에게 이 과정은 점진적으로 일어날 수 있으며, 그런 경우에는 자신의 자각이 상실되고 있음을 스스로 인식할 수도 있다.

이런 관점에서 봤을 때, 초기 치매 증상을 겪는 사람들의 이야기는 죽음에 접근하는 과정에 대한 최고의 정보다. 치매의 초기 단계에 있는 환자는 자신에게 무슨 일이 일어나고 있는지를 이해하고 분명히 말할 수 있는 정신이 충분히 남아 있다. 그러나 후기 단계에 있는 환자의 정신은 혼란의 구렁텅이로 미끄러져 들어가고 사라져버린다. 그 아래 어딘가에서 나에 대한 감각은 흩어지고 소멸한다. 정말 암울한 주제다.

내가 사랑하는 사람들 중에도 다양한 형태의 치매 증상을 겪은 이들이 있다. 그러나 우리 중 다수는 이런 우울한 방식으로 죽음에 다가갈 일은 없을 것이고, 나 자신도 그러지 않기를 바란다. 하지만 오늘 나는 죽음과 삶의 경계에 대해 사색하며 그 일부로서 의식과 그 의식을 상실하는 일에 대해서도 생각해 본다. 사후세계를 믿지 않는 사람에게 의식은 흥미로운 주제다. 물질론자에게 죽음이란, 한때는 신경망으로 기능하던 특별한 집합체였으나 이제는 그렇지 않은 원자들의 모임에 붙인 이름에 불과하다.

과학적인 관점에서 봤을 때, 나는 앞서 언급한 내용 외에 다른 것은 믿지 못한다. 그러나 의식에 관한 데시몬의 설명에 만족하지 못했듯이, 죽음에 관한 이 설명도 만족스럽지 않다. 여전히 나는 마음속으로 어머니가 예전에 자주 그랬듯 보사노바 음악의 박자에 맞춰 신나게 엉덩이를 흔들며 춤을 추는 모습을 볼 수 있다. 아직도 "쿠시 하나는 됐고, 15분 안에 쿠시 하나 더 만들 수 있소"라며 쿠시메이커 Cooshmaker 농담을 건네는 아버지 목소리도 생생하다. 나는 종종 궁금하다. 고인이 되어버린 나의 어머니와 아버지는 지금 모두 어디에 있는가? 이에 대해 물질론자들이 어떻게 설명할지 잘 알고 있다. 하지만 그 설명은 부모님에 대한 나의 그리움도, 이젠 그들이 존재하지 않는다는 말도 안 되는 현실의 무게도 덜어주지 못한다.

고백할 것이 하나 있다. 인간은 원자의 집합체이며, 의식은 뉴런과 뉴런을 오가는 신경에 불과하다는 믿음에도 불구하고, 나는 의식이 일으키는 환상을 좋아한다. 인정하겠다. 그리고 지금으로부터 백 년이 지나고 천 년이 지나도, 나를 구성했던 원자 몇몇은 해먹에 누워 있는 지금 이곳에 그대로 남아 있으리란 사실을 안다는 것에 즐거움을 느낀다.

그 원자들은 자신이 어디서 왔는지 모르겠지만, 그들은 내 것이었다. 그중 일부는 보사노바 춤을 추는 어머니에 대한 기억이었을 테고, 어떤 것은 포도나무 향이 나던 내 첫 번째 집에 대한 추억이었을 것이다. 내 손의 일부였던 원자도 있을 것이다. 만일 지금, 이 순간, 원자 하나하나에 내 주민번호를 적어넣은 번호표를 달 수 있다면, 이 원자들이 향후 천 년에 걸쳐 공중을 떠다니고, 흙과 뒤섞이고, 어떤 풀과 나무의 일부가 되고, 바다로 사라졌다가 다시 공중을 떠다니게 되더라도, 누군가는 이 원자들을 찾을 수 있을 것이

---

* 쿠시메이커 농담은 '끝이 터무니없는(실망스러운) 긴 농담shaggy dogs story'이라는 미국식 유머 중 하나로 지은이는 자신의 아버지가 이 농담을 자주 했었다고 회상하고 있다.

다. 어떤 원자들은 의심할 여지 없이 다른 사람들, 특별한 누군가의 일부가 되리라. 어떤 것은 다른 이의 삶과 추억의 일부가 되리라. 그것이야말로 일종의 불멸일 것이다.

내 어린 날의 유령의 집

●

과학의 기적이 낳은 은빛 유령 속에 앉아 허공을 날아가며 내다보니, 저 멀리 땅을 빼곡히 채운 집과 길들이 자그마한 장난감처럼 보인다. 아버지를 떠나보낸 지금, 모든 것이 이상하게 보인다. 내가 깨어 있는가, 자고 있는가? 나는 지금 아버지가 남겨놓은 일을 마무리하고 우리 가족이 함께 지냈던 집도 마지막으로 보기 위해, 고향 멤피스로 날아가는 중이다.

지금은 파네라 브레드 카페 테이블 앞에 앉아 있다. 점심을 먹고, 렌트카로 집이 있는 웨스트체리서클 지역으로 갈 것이다. 형제들과 함께 가보고 싶었지만, 그들은 우리 가족이 살았던 그 집을 다시 보고 싶어 하지 않았다. 몇 달 전에 우리는 그 집을 팔았다. 카페 창밖으로 파플라 에비뉴의 거리를 보면서, 한때 저 길 건너편에 있었던 오맨하우스 식당을 떠올린다. 고등학생 시절 나는 댄스파티가 끝난 후 그곳에서 밤늦게까지 친구들과 어울리며 양파가 잔뜩 들어간 햄버거와 해시 브라운 감자, 초콜릿 파이를 먹곤 했다.

이제 갈 시간이다. 렌트카에 탔다. 2년 전 마지막으로 집에 갔을 때는 아버지가 나를 기다리고 있었다. 서재에서 휠체어에 앉아 있던 아버지는, 그때가 4월이었음에도 따뜻한 스웨터를 입고 부드러운 실내 슬리퍼를 신은 채, 무릎 위에 책을 펼쳐놓고 있었다.

웨스트체리서클 지역에 들어선 나는 익숙한 집들을 지나친다. 봄이라, 꽃들이 피고 있었다. 그런데 뭔가 이상하다. 집이 보이지 않는다. 집이 있던 자리가 텅 비어 있다. 나는 천천히 차를 몰고 진입로를 올라가서 주차를 했다. 뭔가 크게 잘못되었다. 내가 몸 밖으로 빠져나가는 기분이 든다. 내몸이 차가운 달처럼 멀리 있는 것 같다. 분명 이곳에 분홍색 벽돌 벽과 하얀 기둥이 놓인 현관, 지붕 달린 창문이 있는 2층짜리 집이 있었다. 그러나 이제는 텅 비어 있는 공간 너머로 덤불과 나무들만 보인다. 집이 있던 자리에는 새로운 풀들이 돋아나고 있었다. 집을 이루고 있던 벽돌이나 나무 조각, 먼지 파편 하나 남아 있지 않았다.

나는 천천히 차에서 내리면서 내 마음, 아니 누군가의 마음을 다잡았다. 그리고 예전에 집이 놓여 있던 풀밭의 주변을 걸어 다녔다. 너무 작은 공간이었다. 차량 진입로를 바라보았다. 눈으로 그 길을 따라가다가, 우뚝 솟은 목련 나무 옆으로 휘어지는 거리에 가 닿았다. 한때는 그곳에서 형제들과 정원 호수로 물장난을 치며 잡기 놀이를 하곤 했다. 나는 주차장 뒤에 있는 울타리와 이웃집들을 응시했다. 어쩐지, 실수했다는 생각이 든다.

한 걸음 뒤로 물러나, 눈을 깜박였다. 하지만 그곳에는 침체된 공기와 침묵뿐이다. 집이 있던 곳이었다. 여기는 삶이라는 우주가 숨 쉬는 곳이었다. 닭튀김 요리와 으깬 감자가 주방의 나무 식탁 위에 놓여 있었고, 옷으로 가득 찬 옷장과 서랍장이 있었다. 적갈색 이중조명이 비치는 불빛 아래서 숙제를 했고, 내 형제들과 경찰과 도둑 놀이를 했으며, 아침마다 아버지가 면도를 했고, 저녁에는 텔레비전을 보았다. 나는 주방과 침실, 옷장, 기타 연습을 하는 아버지, 기다란 거울 앞에서 옷을 입는 어머니의 모습을 떠올리며, 집을 원래대로 되돌려 놓으려고 노력했다. 그리고 그 모습을 견고하게 만들어 보았다. 집은 이곳에 있었다.

어떤 부주의한 신이 내 인생의 끈을 잘라버렸다. 65년의 과거와 앞으로 남아 있는 미래의 사이를 끊어놓았다. 과거의 끈은 이제 어두운 영원 속으로, 혹은 무無 속으로 미끄러져 들어갔다. 지금까지 나는 과거가 현재에도 존재한다고 믿어왔다. 추억이 담긴 물건과, 사진, 책 그리고 내가 머물렀던 공간들 사이에 과거가 그대로 살아 있다고 생각했다.

나는 마음속으로 시간을 되돌려 보았다. 흐트러진 진달래 근처로 걸어갔다. 여기서, 이 텅 비어 있는 공간 한편에서, 나는 악몽에서 깨어나 옆에 있는 형제의 침대 속으로 들어갔던 순간을 떠올려 본다. 우리 침대는 2미터 정도 떨어져 있었고, 벽을 따라 책상과 옷장이 놓여 있었으며, 바닥에는 하얗고 폭신한 매트가 깔려 있었다. 여기, 바로 지금 내가 서 있는 곳이다. 그리고 저쪽에서는 내가 호수에 가기 위해 보트의 노를 꺼내는 아버지를 도와줬던 기억이 난다. 2층에 왔다. 전구가 달랑거리는 옷장이 있었다. 그리고 저기에는 가죽 제본의 책들이 올려져 있고, 어머니가 살짝 기울어진 글씨체로 편지를 쓰던 마호가니 책상이 놓여 있었다. 나는 지금도 가운을 걸쳐 입고 책상 앞에 앉은 어머니가 초조한 듯 다리를 까딱거리는 모습을 볼 수 있다.

오늘 아침에 어디에 있었는지를 기억하려고 노력해 본다. 다른 도시의 다른 집, 그곳에 있는 내 아내, 내가 작은 가방을 싸고 있을 때 그녀가 정확히 뭐라고 했는지 떠올렸다. 아내의 얼굴과 머리카락, 그녀가 입고 있던 옷을 생각해 보았다. 어제 저녁으로 뭘 먹었는지도 기억해 보았다. 이미지

조각들이 내 머리를 스쳐 지나갔고, 단어들도 드문드문 생각 났다. 신경생물학자들이 말하길, 기억은 다시 재생되는 비디오 화면이 아니라, 공기를 떠도는 냄새와 이상하게 잘린 시각적 장면들, 흐릿한 경험들이 여기저기서 모이고 서로 겹쳐져서 만들어진 신경 파편들의 모방 작품이라고 한다. 기억은 모두 특정 분자의 흐름과 전류 속에 들어 있다. 신경 생물학자들에 의하면, 인간의 뇌에 있는 수십억 개 뉴런들의 연결점들은 시간이 흐르면서 변화한다. 그렇다면, 우주는 우리의 머릿속에서 변하고 변하고 또 변하는 것이다.

나의 기억은 틀렸다. 나는 형제들이 이곳에 있길 원한다. 사라진 끈 조각이 되어버린 나의 과거에 살았던 사람들이 보고 싶다. 우리가 만나면 서로 기억하는 것을 비교해 볼 수 있을 것이다. 그들도 이 집에 살았다. 하지만 그들의 뇌는 내 것이 아니다. 형제들은 그들만의 뉴런을 갖고 있을 것이고, 수십억 개의 그 뉴런도 연결점이 변화하고 있을 것이다. 어떤 철학자들은 우리가 정신 바깥에 있는 외부 세상에 대해서는 아무것도 모른다고 주장했다. 그들의 말대로, 길고 구불거리는 기억의 복도와 문이 반쯤만 열린 거대한 정신의 방. 그리고 그 안을 돌아다니며 상상의 샹들리에 아래서 수군거리는 유령들에 비하면, 외부 세계에 대해 우리가 아는 것은 아무것도 없다.

만약 3미터 앞에 보이는 것과 우리가 기억하는 것이 다르다면, 무엇이 진짜일까? 의자. 냄새. 형제. 우리가 아는 건 무엇일까? 오늘 아침에 문을 열었던 서랍과 저녁에 문을 닫은 서랍이 같은 것이라고 어떻게 증명할 것인가? 그렇게 수십억 개의 뉴런이 자신의 이야기를 돌리고 있다.

12살 적에 있었던 한 순간이 생각난다. 그때 나는 아버지가 셔츠를 맞추기 위해 몸의 치수를 재는 모습을 구경하고 있었다. 재단사가 집에 방문했고, 아래층 중간 침실에서 그를 만났다. 내가 지금 서 있는 곳에서 약 3미터 떨어진 곳이었다. 아버지는 당시 41세였는데, 잘생기고 섬세한 이목구비에 호리호리한 몸매를 가지고 있었다. 재단사는 줄자로 아버지의 목둘레를 쟀고, 그들은 마치 오랜 친구인 양 함께 웃으며 편안하게 대화를 나누었다. 나는 그들이 무슨 말을 하는지 정확하게 들으려고 귀를 기울였다. 전에는 한 번도 본 적 없던 재단사였지만, 그와 아버지는 서로를 아주 편하게 대했고, 그 모습에 나는 평온함을 느꼈다. 아버지의 새로운 셔츠를 맞추기 위해 친절한 재단사가 우리 집으로 찾아왔던 그 세상은 안전한 곳이었다. 그리고 지금도 나는 이곳에 있다. 기다리고, 듣고 있다.

나는 그 모든 것을 상상한다. 어쩌면 나 자신도 상상일지 모른다. 혹은, 내가 뉴런의 움직임과 원자와 분자 덩어리보다 더 나은, 특별한 존재라는 감각마저 상상에 불과할지 모른다. 그 모든 화학적, 전기적 떨림에서 의식의 환상이 일어난다. 에머슨Emerson*은 이런 글을 남겼다. "꿈은 우리를 꿈으로 인도하며,[79] 환상에는 끝이 없다." 잠시간, 내 몸은 나를 떠났다. 물리학자들은 그 시간이 상대적이라고 말한다. 이곳, 한때는 집이었던 이 공간과 함께 시간도 흩어져버렸다. 나는 시간에 속았고, 패배했다.

저 멀리에 있던 트럭 한 대가 진입로로 올라왔다. 그리고 주차를 했다. 트럭에서 두 남자가 삽과 식물, 거름 봉지를 가지고 내렸다. 한 사람이 나를 보며 왜 여기에 있냐고 묻는 듯이 의아한 표정을 짓는다. 그러고는 나를 무시한 채 비료를 뿌릴 준비를 하고 흙을 파기 시작했다. 아마도 내 존재를 잊었을 것이다. 나는 저 남자들을 보면서, 내가 그들의 속을 들여다본다고 상상해 보았다. 마치 집이 있었던 곳에 놓인 투명한 공간을 보고 있듯이 말이다.

저 남자들은 한때 여기가 무엇이었는지 전혀 모른다. 그저 흙을 파내고 식물을 심는 일을 할 뿐이며, 그들에게 보이

---

* 랠프 월도 에머슨Ralph Waldo Emerson은 19세기 미국의 사상가이자 시인으로, 『에세이, 제1시리즈』와 『에세이, 제2시리즈』, 『자연Nature』 등의 다양한 저서와 강연을 통해 인간의 내재적 자율성, 지적 독립을 강조했으며 직관적으로 진리를 인식해야 한다고 주장하였다.

는 것은 텅 비어 있는 땅일 뿐이다. 그들의 뉴런은 내 것과 다르다. 그들은 그들만의 기억 보관함을 갖고 있다. 어쩌면 지금 그들은 예전에 갔었던 정원이나 장소, 여자친구나 아내에 대해 생각하고 있을지도 모른다. 나는 내가 내일도 저 남자들을 기억할지 궁금하다. 이곳에서 잠깐 마주친 사람들이다. 청바지와 부츠 차림에 어두운 선글라스와 장갑을 꼈으며 한 명은 지금 담배를 태우고 있다. 앞으로 2, 3일 정도는 있는 저 모습 그대로 기억할 수도 있다. 그러나 그 기억은 점점 흐릿해질 것이며 마침내, 여기에 있던 우리 집처럼, 사라져버릴 것이다. 존재하지 않는 과거의 일부가 될 것이다.

나는 몇 시간 전에 왔던 식당으로 돌아왔다. 전부 내가 기억한 대로다. 노트북으로 뭔가를 작성하고 있는 사람들. 가스 벽난로의 파란 불길. 내 주머니에 있던 종이에는 내가 내일 비행기로 떠나야 한다고 적혀 있다. 예전에 알던 사람이 저쪽 테이블에 앉아 있다. 그 사람이 맞는 것 같다. "데이비드," 내가 불렀다. 하지만 그는 듣지 못한 것 같다.

무질서의 놀라운 힘

●

인도 남걀Namgyal 사원의 불교 승려들이[80] 수행하는 의식 중에는 다양한 색의 모래로 복잡한 패턴의 만다라mandala를 만드는 일도 포함되어 있다. 각각 지름이 약 3미터나 되는 만다라를 만들기 위해서는 주황색 예복을 입은 승려 여럿이 몸을 구부린 채, 평평한 표면에 서서 금속재질의 작은 병을 긁어가며 몇 주 동안 공들여 작업해야 한다. 이 병을 긁을 때마다 조그마한 주둥이에서 아주 미량의 모래가 나오며, 분필로 주의 깊게 그린 구역 안에다가 그것을 뿌려 넣는다. 천천히, 천천히, 고대의 패턴이 만들어진다. 만다라가 모두 완성되고 나면, 승려들은 기도를 한 후에 잠시 쉬었다가, 5분 만에 모두 쓸어버린다.

비록 이 특별한 의식을 직접 보지는 못했지만, 나는 동남

아시아를 여행하며 다양한 모양의 만다라를 보았다. 불교인에게 만다라를 만들고 없애는 일은 지구상의 존재가 덧없음을 상징한다. 하지만 나는 또한 이 의식을 통해 우리 세상의 핵심에 있는 질서와 무질서의 심오한 공생관계를 생각하게 된다.

조금은 놀랍게도, 자연은 무질서를 필요로 할 뿐만 아니라 무질서를 통해 번성한다. 행성과 항성, 생물, 심지어 시간의 방향마저도 모두 무질서에 의존한다. 그리고 우리 인간도 마찬가지다. 특히, 무질서와 함께할 때, 우리는 무작위성이나 참신함, 자발성, 자유의지, 그리고 예측 불가능성과 같은 개념들을 모을 수 있다. 비록 이렇게 다른 개념의 집합들은 서로 거울같이 똑같지는 않지만, 황혼과 새벽처럼 많은 공통점을 갖고 있다.

질서와 무질서 모두에 대한 우리의 원초적인 끌림은 현대 미학에서도 나타난다. 우리는 대칭성과 패턴을 좋아하지만, 약간의 비대칭성을 즐기기도 한다. 영국의 미술사학자 에른스트 곰브리치Ernst Gombrich는 비록 인간이 질서에 대해 정신적으로 깊게 끌리긴 하지만, 예술 속의 완벽한 질서에는 흥미를 느끼지 않는다고 생각했다.

그는 저서 『질서의 감각The Sense of Order』에 이런 글을 적었다. "규칙성과 불규칙성의 차이를 아무리 분석한다 해도,[81]

우리는 심미적 경험에 관한 가장 기본적인 사실, 즉 즐거움은 지루함과 혼란 사이 그 어딘가에 있다는 것을 근본적으로 설명할 수 있어야 한다." 질서가 너무 강하면, 흥미를 잃는다. 무질서가 너무 강하면, 흥미로울 게 없다. 이것은 인간의 정신에 관한 것이다. 화가인 나의 아내는 언제나 캔버스 구석에 불균형한 형태로 물감을 튀긴다. 그림을 더욱 매력적으로 만들기 위해서다. 우리가 시각적으로 매력을 느끼는 지점은 확실히 지루함과 혼란, 그리고 예측 가능성과 새로움 사이 그 어딘가에 있는 게 분명하다.

우리 인간은 이 질서-무질서의 결합체와 갈등 관계에 있다. 우리는 원칙과 법, 질서를 중요시하며, 이유와 원인을 수용한다. 그리고 가끔은, 예측 가능성을 추구한다. 그와 동시에, 우리는 즉흥성과 예측 불가능성, 참신함, 구속받지 않는 개인의 자유를 가치 있게 여긴다. 클래식 음악의 구조를 좋아하지만, 자유분방하게 흐르고 즉흥적으로 리듬을 타는 재즈도 사랑한다. 눈송이의 대칭성에 매료되지만, 높이 떠있는 구름의 정해지지 않은 형태도 즐긴다. 순종 동물들이 보여주는 규칙적인 특징에 안심하지만, 잡종 동물들에도 매력을 느낀다. 우리는 분별 있게 생활하며 바른 삶을 영위하는 사람들을 존경한다. 그러나 틀을 깨버리는 독불장군을 대단하다고 여길 때도 있으며, 우리 자신의 모습에서 야생

적이고, 자유롭고, 예측하지 못했던 면을 발견하며 기뻐하기도 한다. 우리는 오묘하고도 모순된 동물이자, 인간이다. 그리고 우리와 똑같이 이상한 우주 안에서 살고 있다.

질서와 무질서의 결합이 일으키는 창조적인 긴장감은 예술에서보다 과학에서 확인할 수 있다. 기원전 250년에 부력浮力의 원리*를 정립한 아르키메데스Archimedes는 자연에 관한 최초의 양적 법칙quantitative laws 중 하나를 다음과 같이 설명하면서 앞으로 도래할 과학에 대해 예견했다. "한 물체의 전체 혹은 일부를 유체에 담갔을 때[82] 물체를 위로 밀어내는 힘은 소실되는 유체의 무게와 같다."

다시 말해서 유체에 떠 있는 물체는, 넘치거나 소실되는 유체의 무게와 물체의 무게가 같아지는 지점까지만 가라앉는다는 것이다. 아르키메데스는 이 명쾌한 법칙을 증명하기 위해 다양한 크기와 모양의 물체를 물이나 수은 등 각기 다른 액체 속에 담그는 실험을 끊임없이 반복했을 것이다. (고대 그리스의 광장이자 시장이었던 아고라agora에서 밀, 소금에 절인 생선, 유리, 구리, 은의 무게를 재는 저울을 구할 수 있었다.)

질량과 힘의 세계는 확실히 논리적이고, 이성적이며, 수량화와 예측이 가능하다. 하지만 그보다 두 세기 전에 살았

---

* 아르키메데스의 원리라고도 한다.

던 소크라테스Socrates는 다음과 같이 말하며 광기madness의 창조적인 힘을 찬양했다. (제자였던 플라톤과 지인들이 묘사하길,[83] 이 방황하는 현자는 인간보다는 신화 속 정령 사티로스satyr와 같았으며, 튀어나온 눈과 두툼한 코를 가진 작고 다부진 사람이었다.) "자신의 영혼에서 뮤즈Muse의 광기를 조금도 느끼지 못한 사람은[84] 사원의 문 앞에 서서 그 안으로 들어갈 수 있을 거라 생각하겠지만, 내가 말하길, 그는, 그의 시는 인정받지 못한다. 정신이 멀쩡한 사람이 광인과 대결하게 된다면, 그는 사라져버리고 어디에도 존재하지 못할 것이다."

창의성은 언제나 참신함, 놀라움, 그리고 심리학자와 신경과학자들이 소위 말하는 *확산적 사고*divergent thinking, 즉 어떤 문제에 대해 즉흥적이면서도 무질서한 방식으로 다양한 방안과 해결책을 탐색하는 능력과 연결되어 있다. 그와 반면에, *수렴적 사고*convergent thinking는 좀 더 논리적이고 차례대로 질서 정연하게 문제에 접근하는 사고능력이다. 1910년, 프랑스 수학자인 앙리 푸앵카레Henri Poincaré는 자신의 수학적 발견이 잉태되었던 순간을 두 사람의 춤으로 묘사했다.

15일 동안, 내가 정립한 푸크스 함수Fuchsian function와 같은 [수학적] 함수는 있을 수 없음을 증명하기 위해 열심히 노력했다.[85] 그때 나는 참으로 무지했다. 매일 책상 앞에 앉아서 한 시간이고 두 시간이고 수많은 숫자를 조합해 보았지만 아무 결과도 얻지 못했다. 그러던 어느 날 저녁, 나는 평소 습관과 달리 커피를 마시고는 잠들지 못했는데, 그때 아이디어들이 군중처럼 몰려들었다. 그리고 그 아이디어들이 둘씩 서로를 붙잡을 때까지 서로 충돌하는 것을 느꼈다. 말하자면, 안정적인 조합을 만든 것이다. 나는 다음 날 아침까지…

의심할 여지 없이, 우리의 창의성 중 일부는 수렴과 발산의 융합으로 점화되고, 서로 조화를 이루어 교향곡을 만들어낸다.

무질서가 자연에서 중요한 역할을 한다는 사실은 소크라테스가 광인 시인을 칭송한 지 2천 년이 지나서야 밝혀졌다. 독일 물리학자 루돌프 클라우지우스Rudolf Clausius에게 과제가 떨어졌다. 그는 1822년에[86] 독일과 폴란드에 분할 소속되어 있는 지역인 포메라니아에서 태어났으며 베를린대학교에서 수학했다. 클라우지우스는 성직자였던 아버지의 영향을 받아 원칙적인 생활을 했다. 클라우지우스가 사망한 1888년, 그의 형제인 루돌프 로버트는 그에 대해 이렇게 표현했다. "그의 가장 큰 특징은[87] 성실함과 충실함이었다. 어떤 종류의 과장도 그의 본성과 반대되었다."

아인슈타인과 마찬가지로, 클라우지우스도 이론물리학자였다. 즉, 무질서에 관한 중대한 연구를[88] 포함한 그의 모든 작업이 펜과 종이로 행해지는 수학적 위업으로 이루어졌다. 무질서에 관해 작성한 클라우지우스의 대단한 논문 「열의 동력에 관하여On the Moving Force of Heat」(1850년)는 그가 베를린의 왕립 포병 및 공학 학교Royal Artillery and Engennering School의 물리학 교수로 임명된 그 해에 발표되었다.

이 논문을 통해 그는 물리적인 세계에서의 변화가 질서에서 무질서로 변하는 움직임과 불가피하게 연결되어 있음을 증명했다. 물론, 무질서의 가능성 없이는 우주의 그 무엇도 변화할 수 없다. 일렬로 똑바르게 선 채 제자리를 지키고 있는 도미노들이나, 고정된 판 안에 안전하게 들어 있어서 남걀사원의 승려들이 빗질을 해도 쓸리지 않는 불교 만다라의 모래들처럼 말이다.

클라우지우스의 논문에는 '열'이 나온다. 무질서는 보통 뜨거운 물체가 차가워지는 과정에서 일어나는 열의 이동과 관련 있기 때문이다. 그러나 이 개념은 좀 더 일반적이다. 이후의 논문에서, 클라우지우스는 무질서를 양적으로 측정하기 위해 엔트로피entropy라는 용어를 만들었다. 이 용어는 '속in'라는 의미의 그리스어 엔(ἐν)과 '변환transformation'이라는 의미의 트로페(τροπή)에서 유래되었다. 엔트로피의 증가는 세상에서의 변환, 움직임, 변화와 연결되어 있다. 무질서가 클수록, 엔트로피도 커진다. 클라우지우스의 1850년 논문 마지막 두 문장은 다음과 같다.

1. 우주의 에너지는 일정하다.
2. 우주의 엔트로피는 최대치가 되려는 경향이 있다.

질서는 무질서를 피할 수 없으며, 엔트로피는 더 이상 커질 수 없을 때까지 증가한다. 바로 이 변화가 세상을 움직인다. 깨끗했던 방은 더러워진다. 사원도 천천히 허물어진다. 나이가 들수록, 뼈는 약해진다. 별들도 결국 다 타 없어지고, 뜨거웠던 에너지를 우주의 차가움 속에 모두 던져버린다. 그러나 그 과정에서, 별들은 주변 행성에 따스함과 생명을 선사한다. 이렇게 우리는 무질서의 끊임없는 증가에 의존해서 살고 있다.

'빅뱅 이전에는 무슨 일이 있었는가?'에서 다룬 대로, 시간의 방향처럼 근본적인 것조차 질서에서 무질서로 가는 움직임에 좌우된다. 왜냐하면, 우리가 미래로 향함에 따라 모든 것이 질서에서 무질서로 바뀌기 때문이다. 어쩌면, 시간이 앞으로 가는 방향이 무질서가 증가하는 쪽이라고 말하는 사람도 있을 것이다. 실제로, 이러한 변화 없이는 이 순간과 그다음 순간을 구별할 방법이 없을 것이다. 시계도 없을 것이고, 날아다니는 새도, 나무에서 허공을 가르며 떨어지는 나뭇잎도, 숨을 들이쉬고 내쉬는 일도 없을 것이다. 우주는 영원히 멈춰 있는 사진이 될 것이다.

무질서는 "왜 아무것도 없지 않고, 무언가가 있는 걸까?" 하는 심오한 질문에도 답을 준다. (이러한 질문들은 물리학자와 철학자들을 밤늦도록 깨어 있게 만든다.) 왜 순수한 에너지만 남아 있지 않고, 각종 물질이 존재하는 것일까?

과학적 관점에서 봤을 때, 이 질문은 1931년에 예측되었고, 1932년에 발견된 반입자antiparticle의 존재와 관련 있다. 전자와 같은 모든 아원자 입자는 반입자라는 쌍둥이 입자를 갖고 있다. 이 쌍둥이 입자들은 전하가 서로 반대이며 몇 가지 다른 특성이 있지만, 기본적으로는 모두 동일하다. 우리가 '입자'와 '반입자'라고 부르는 이 짝꿍은 북극과 남극처럼 어떤 조합의 형태가 되었다. 이들이 서로를 만나면, 입자들과 그 반입자들은 서로를 소멸시키고 순수한 에너지만 남게 된다.

만약 누군가의 생각대로 우주가 완벽한 대칭이라면, 그래서 원시 우주에 입자와 반입자의 수가 동일했다면, 이미 수십억 년 전에 모든 물질이 지워졌을 것이며, 이곳에는 순수한 에너지 외에는 아무것도 남지 않았을 것이다. 별도, 행성도, 사람도 없을 것이며, 단단한 물체들은 모조리 사라졌을 것이다. 그러면 우리는 왜 여기 있을까? 어째서 그 모든 입자는 자신의 반입자와 함께 사라지지 않은 것일까?

이 물리학적 수수께끼에 대한 답이 1964년에 나왔다. 매우 섬세한 실험을 통해 입자와 반입자가 *정확하게* 같은 방식으로 행동하지 않는다는 것을 발견한 것이다. 오히려 입자와 반입자는 각각 다른 입자와 상호작용을 하는 방법에 있어서 미세하게 비대칭적이라는 특성이 있었다.[89] 그 덕분에 우주가 탄생한 바로 직후의 입자들과 반입자들은 같은 수로 생성되지도, 서로를 파괴하지도 않은 것이다.

대량의 입자들이 짝꿍 반입자들과 함께 소멸한 후, 마치 학교 댄스 파티가 끝난 뒤에 외로이 벤치에 앉아 있는 어떤 소년들처럼 그대로 남겨진 입자들이 있었을 것이다. 이 남겨진 입자들과 그들을 만든 비대칭이 바로 우리가 존재하는 이유이다.

무질서는 물질이 어떻게 구성되었는지에 대한 세세한 부분에만 존재하는 것이 아니다. 그것은 생명체의 구조 그 자체와도 깊이 연관되어 있다. 생물학 속의 무질서 중에서 가장 잘 알려진 예는 아마도 유전자의 섞임 현상shuffling일 것이다. 유전자는 바이러스나 다른 유기체 유전자의 변형과 전달 모두에 의해 섞여진다. 이 무작위적인 과정을 통해, 살아 있는 유기체는 다양한 신체적 구조를 시도한다. 그 과정이 없었다면 전혀 만들어질 일이 없었을 신체 구조들을 말이다.

이 유전자 룰렛은 계획대로 돌아가지 않으며, 그 결과는 그 누구도 미리 알 수 없다. 하지만 이 룰렛이 없다면 생물학은 소수의 경직된 구조 속에 갇혀 있을 것이다. 수많은 유기체가 변화하는 환경 조건에 적응하지 못하고 죽어버렸을 것이다.

무질서가 생물학에서 또 다른 중요한 모습으로 나타난 것은 확산이라 불리는 현상을 통해서였다. 흐물흐물한 덩어리나 에너지는 원자와 분자의 무작위 충돌로 인해 자동적으로 평평해진다. 여러분도 차가운 물이 들어 있는 욕조에 뜨거운 물 한 바가지를 부어보면 그 현상을 확인할 수 있다. 물을 부은 직후, 욕조 안에 들어간 뜨거운 물은 차가운 물에 둘러싸이게 된다. 그러나 뜨거운 물이 빠르게 차가운 물과 섞이고, 결국 욕조 안에 있는 물은 균일한 온도를 갖게 된다. 이것이 확산이다.

클라우지우스의 말을 빌리자면, 확산에는 에너지가 들지 않지만 무질서는 증가된다. 이 경우에는 열이 섞인 것이며, 그로 인해 변환과 변화가 일어났다. 무작위적인 분자의 충돌 없이는 확산이 일어나지 않는다. 아마도 욕조 한 구석에는 뜨거운 물이, 반대편에는 차가운 물이 그대로 남아 있을 것이다.

확산 현상은 중요한 물질이 전신으로 운반되는 데 있어 중요한 역할을 한다. 인간의 에너지 생성에 필요한 기체인 산소를 예로 들어보자. 숨을 들이쉴 때마다, 우리는 폐에서 높은 농도의 산소를 생산한다. 폐에 속해 있는 작은 혈관들은 상대적으로 적은 양의 산소를 갖고 있다. 그 덕분에 산소는 폐에서 혈액 속으로 '확산'되고, 다시 같은 이유로 인해 혈액에서 전신에 있는 각각의 세포로 전달된다. 이러한 직접적인 움직임은 산소가 많이 모여 있는 곳에서 덜 모여 있는 곳으로 산소 분자를 이동시키려는 무작위 충돌에서 비롯된 것이다. 무작위로 부딪히고 두드리지 않는다면, 산소는 폐 속에 갇혀버리고, 몸의 세포들은 결국 질식사하게 될 것이다.

그러나 엔트로피에 관한 클라우지우스의 심오한 선언을 포함하여 이 미세한 영역의 예시 중 그 어떤 것도 질서와 무질서를 향한 우리의 끌림에 대해서는 설명해 주지 않는다. 반듯한 현자와 무지막지한 독불장군 모두를 존경하는 우리의 마음에 대해서 말이다.

우리 정신 속에는 클라우지우스나 소크라테스 이전부터 우리 속에 각인되어 온 더욱 깊고 원초적인 무언가가 있는 것 같다. 아마도 이렇게 서로 반대되는 개념을 수용하는 능력은 수백만 년 전 과거 우리 조상들이 주변 환경에 적응할 수 있는 이점을 주었을 것이다.

진화론적 관점에서 보면, 질서에는 예측 가능성과 패턴, 반복성이 포함되어 있다. 이들은 모두 우리가 예측을 잘할 수 있도록 도와준다. 그리고 이러한 예측성은 우리가 숲을 가로지르며 사냥을 하거나 농작물을 키워야 할 때 유용하다. 질서가 우리의 생존에 이득은 준다는 사실은 명백하다. 그런데 더욱 의외인 점은 놀라움과 우연, 참신함도 우리에게 세심한 도움과 이점을 안겨줄 수 있다는 것이다.

만약 우리가 일상에 너무 안주한다면, 아무 문제 없이 수없이 걸어 다녔던 길 위에서 갑자기 호랑이와 마주친 상황과 같은 변화가 찾아왔을 때 제대로 반응할 수 없다. 그러나 우리는 변화에 대한 두려움도 있어서 익숙한 일상에서 벗어나는 위험을 감수하지도 않을 것이다. 따라서 예측 가능한 것과 불가능한 것 모두에 대한 인간의 욕망이 발전되었다고 보면 이해가 된다.

만일 새로움에 대한 욕구가 우리 조상들이 생존하는 데 이익을 줬다면, 아마 그것은 우리 유전자에서 확인할 수 있을 것이다. 최근 과학자들은 DRD4-7R이라는 유전자 변형 (대립형질)을 발견했다. 더 재미 있는 용어로 '역마살 유전자 wanderlust gene[90]'라고도 부른다. 이 유전자는 전체 인구의 약 20퍼센트가 가지고 있는데, 탐험과 위험을 추구하는 성향으로 나타난다. 그러고 보면, 우리를 구성하는 부족 대부분의 사람들은 집에서 난로불을 쬐며 일과에 따라 안전하게 생활하기를 바라는 게 맞다. 그러나 우리는 새로운 사냥터와 뜻밖의 기회를 찾아 위험한 탐험을 감행할 사람들 역시 필요하다.

DRD4-7R 연구를 이끌었던 학자 중 한 명인 싱가포르 국립대학교의 심리학 교수 리처드 폴 엡스타인Richard Paul Ebstein은 이렇게 말했다. "충동적이고 새로움을 추구하는 성격적 특성에[91] 포함된 대립형질이 재정적인 상황에서 위험을 무릅쓰는 성격의 유전자에도 똑같이 들어 있다는 증거가 있습니다. 그런 대립형질을 가진 사람들은 다른 사람들보다 위험한 일을 하기가 더욱 쉽습니다." 그러나 다른 생물학자들은 어떤 유전자 하나가 새로움에 대한 추구나 위험을 감수하는 등의 특성을 통제할 가능성은 없을 거라고 지적한다. 하지만 함께 움직이는 유전자 집단에게는 가능한 일일 수도 있다.

질서와 무질서 모두가 인류에게 이로운 것이 분명하므로, 우리의 성향에 대해 재검토해 볼 만한 가치가 있다. 서양에서는 가치 체계와 선호도를 추측해서 모든 것을 극과 극으로 나눈다. 생산성 대 게으름, 합리성 대 비합리성, 뜨거움 대 차가움, 부드러움 대 거칢, 흑 대 백 등으로 말이다. 그러나 우리는 이러한 상반된 특성들을 유용한 균형이라는 관점에서 바라볼 필요가 있다.

오래전부터 중국인들은 고대 유교사상에 따른 음陰과 양陽의 개념으로 이 생각을 이해해 왔다. 세상의 모든 만물이 떼려야 뗄 수 없는 상반된 존재라는 것이다. 음은 여성성, 어두움, 북쪽, 나이듦, 부드러움, 차가움과 관련이 있으며, 양은 남성성, 밝음, 남쪽, 젊음, 단단함, 뜨거움과 연결되어 있다. 음과 양의 조화를 상징하는 기호는 크기가 같은 검은색과 흰색의 원 두 개가 소용돌이 모양으로 서로를 감싸고 있으며, 각각 상대의 색으로 된 점을 하나씩 품고 있는 모습이다.

이 기호는 어느 쪽도 우위에 있지 않은 동등한 두 존재가 조화를 이룬다는 의미를 나타낸다. 한편, 서양에서는 모든 것을 둘로 나누면서 이 복잡한 세계를 단순화하려고 시도한다. 한동안은 효과가 있을지도 모른다. 그러나 우리가 세상을 더욱 자세히 관찰하고 그 밑에 숨어 있는 진정한 복잡성을 발견하고 나면 그 방식은 더 이상 통하지 않는다.

만일 더욱 높은 곳에서 세상을 본다면, 우리는 다시 한번 더 단순함과 조화로움을 발견할 수 있을 것이다. 우주는 질서를 노래하고, 무질서도 노래한다. 우리 인간은 예측 가능성을 추구하지만 새로운 것을 동경하기도 한다. 유교인들은 이렇게 말한다. "이 필연적인 모순을 받아들여라." 어쩌면 파스칼의 무와 무한도 음양 조화의 한 부분일지 모른다.

하루를 마감하며, 나는 안톤 브루크너Anton Bruckner의 <교향곡 제9번>을 듣고 있다.[92] 이 오스트리아 작곡가가 1887년에 쓴 이 교향곡은 연속적으로 주제theme를 펼쳐나가면서 시작된다. 두 번째 악장, 스케르초Scherzo*는 어떤 어두운 비밀이 감춰진 듯 불안한 기분이 들게 만든다. 하지만 나는 세 번째 악장인 아다지오Adagio**에서 완전히 넋이 나가버렸다. 현악이 만들어내는 아름답고 조화로운 선율이 끝나자, (그 어두운 비밀을 밝혀내겠다는 약속인 듯하다.) 악기들의 소리가 점점 불협화음이 되고 커지더니 마침내 우레와 같이 크고 울부짖는 듯한 소리로 변하고, 이어서 해변에 들이치는 거친 파도처럼 철썩이는 소리가 울려 퍼진다. 그러고는 잠시 고요해진다. 현악기가 다시 조용하고 서정적인 음을 내기 시작한다. 악장이 끝날 때까지 이러한 선율과 불협화음이

---

* 극적이고 해학적이라는 의미를 갖고 있으며, 음악에서는 짧고 빠른 곡이나 교향곡의 악장 이름으로 사용된다.

** 음악에서 느린 속도로 연주하는 방법이나 교향곡의 악장을 의미한다.

계속 반복된다.

　나는 이 작품 속에서 느껴진 어두움과 밝음, 거친 선율에 이어지는 부드러움처럼, 서로 조화롭지 않은 것들이 나란히 있을 때만큼 아름다운 조화로움이 있을지 궁금하다. 무질서와 함께하는 질서처럼 말이다. 그리고 브루크너 그 자신도 우리처럼, 이 별난 우주에서 별난 생명을 탄생시키는 세포들의 무작위 충돌로 인해 우연히 탄생한 존재이다.

기적

●

"그때 모세가 바다를 향해 팔을 뻗었다. 그러자 동쪽에서 부는 강한 바람으로 바닷물을 밀어내신 주님이 바다를 둘로 나누어 마른 땅이 드러나게 만드셨다. 그래서 이스라엘의 아이들이 마른 땅을 밟아 바다의 중앙으로 걸어갔다. 바닷물은 그들의 오른편과 왼편의 벽이 되어주었다."

성경의 출애굽기에 나오는 이 내용은 성경에서 가장 유명한 기적의 현장을 묘사하고 있다. 그 전후로 한 번도, 지구의 어떤 바다나 강에서도 이렇게 바람이 불어 사람이 걸을 수 있도록 길을 만들어 준 경우는 없었다. 과학적으로 말해서, 그런 일이 일어나려면 허리케인 세기의 고도로 통제된 바람기둥이 지속적으로 필요한데, 이는 20세기에 만든 인공 풍동wind tunnel으로도 소규모로만 구현할 수 있는 현상이다.

그러나 홍해가 반으로 갈라진 것은 3천 년 전이다. 신의 명령을 모세가 전한 것이었다. 그것은 자연의 섭리에 어긋나고, 자연을 넘어선 '초자연적인' 사건이며, 신의 개입 외에는 설명할 수 없는 '기적'이었다.

2013년, 해리스여론조사소Harris poll에서는[93] 미국인의 74퍼센트가 신을 믿으며, 72퍼센트가 기적을 믿는다고 밝혔다. 기적은 보통 신이나 다른 신성한 존재들의 행위와 연관되어 있으며, 유대교나 기독교뿐 아니라 전 세계의 모든 주요 종교에서도 기적이 일어났다. 이슬람에서는 모하마드가 달을 쪼갰다. 힌두교에서는 성 즈냐냐데바Saint Jnanadeva가 자신은 베다Vedas를 암송할 자격이 없다는 말을 들었을 때, 그는 베다 구절을 외우면서 자신의 손 위에 물소를 올려놓았다. 불교인들 대부분은 이 땅의 모든 생물이 죽음과 탄생의 순환을 경험하며, 그 과정에서 물질적이지 않은 다양한 영역을 지나고 새로운 육체로 나타난다고 믿는다.

기적은 그 정의에 의하면 과학 바깥의 개념이다. 기적은 물리적 세상의 이성적인 모습과 공존할 수 없다. 그런데 이렇게 고도로 발전한 과학 기술적인 사회에서도, 우리 대부분이 휴대폰과 자동차와 기타 과학의 산물로 인해 엄청난

---

* 인공적으로 빠르고 센 기류를 일으키는 장치.

이익을 얻었음에도, 대중의 상당 부분이 기적을 믿고 있다. 우리는 보통 그 모순을 곰곰이 생각해 보지 않는다. 내 친척 어른 중 한 분은 몇 달에 한 번씩 돌아가신 아버지가 그녀를 찾아와 대화를 나눈다고 믿었다. 그래서 그녀는 아버지의 목소리를 녹음하려고 과학적인 도구인 녹음기를 챙겼다.

기적은 상상의 세계, 꿈의 세계, 욕망의 세계에서 온다. 과학은 실용성의 세계, 논리성의 세계, 질서 정연한 통제의 세계에서 온다. 이렇게 상반된 세상에서 동시에 살아가는 우리의 능력은 언제나 나의 마음을 사로잡았다. 이 두 개의 세상은 각각 우리 안의 깊고 본질적인 무언가를 반영하고 있음이 틀림없다.

자연을 거스르는 듯한 기적이 인류의 오랜 역사 속에서 간간이 모습을 나타냈지만, 자연을 글로 남기려는 인류의 탐구심 역시 그러했다. 자연의 특성을 소위 자연의 법칙으로 봉인하기 위해서였다. 자연의 법칙은 보통 수학적인 형식으로 기술되었다.

과학 역사상 가장 좋은 예로 아이작 뉴턴의 중력의 법칙이 있다. 서로를 끌어당기는 두 물체 간의 중력은 두 물체의 질량이 2배가 되면 그 힘도 2배가 되며, 두 물체 간의 거리가 반으로 줄어들면 두 물체 사이의 힘은 4배가 된다. (수학적인 형식으로, F=Gm₁m₂/d²) 이것은 뉴턴이 행성의 궤도에 관해 설명하려고 만든 규칙이었으며, 우주 어디에서든 질량이 상호 중력을 통해 서로에게 어떻게 영향을 끼치는지 예측하는데 사용될 수 있다.

뉴턴의 법칙을 적용하면 다음과 같은 사실을 알 수 있다. 달의 크기가 지구의 4분의 1이고, 질량은 대략 지구의 100분의 1이므로, 달에서 잰 우리의 몸무게는 지구에서 잰 몸무게의 6분의 1 정도 될 것이다. (아는 사람만 아는 이 사실을 내가 읽어봤던 다이어트 책에서는 보지 못했다.)

다른 예시로는 여러분도 직접 해볼 수 있는 것이 있다. 4피트(약 1.2미터) 높이에서 바닥으로 역기를 떨어뜨리고, 떨어지는 데 걸리는 시간을 측정해 보자. 0.5초 정도 걸릴 것이다. 8피트(약 2.4미터) 높이에서 떨어뜨리면, 0.7초 정도 걸린다. 16피트(약 4.8미터) 높이에서는 1초 정도가 걸린다. 이런 식으로 좀 더 높은 곳에서 여러 번 반복하다 보면, 높이가 4배씩 증가할 때마다 시간도 정확히 2배가 된다는 것을 발견하게 될 것이다. 이것이 갈릴레오가 17세기에 발견한 자연의 법칙*이다. (수학적으로, t=상수×√h) 우리는 이 법

---

* 낙체의 법칙the law of falling bodies이라고 하며, 이탈리아 르네상스 말기의 천문학자이자 물리학자인 갈릴레오 갈릴레이가 관성의 법칙, 일정 가속도의 법칙과 함께 정립한 법칙이다.

칙으로 이제 물체가 어떤 높이에서든 바닥까지 떨어지는 데 걸리는 시간을 예측할 수 있다. 우리가 자연의 규칙성을 직접 목격한 것이다.

자연은 왜 규칙적인 것일까? 우주에서 어떤 사건들이 정당성이나 규칙성 없이 무작위로 벌어지는 모습을 상상해 보자. 수레바퀴가 갑자기 허공 위에 뜬다거나, 낮이 밤으로 변했다가 다시 제멋대로 낮으로 변할 수도 있다. 이러한 우주에서 과학자들은 당연히 할 일이 없을 것이다. 과학자들은 우주의 규칙성과 자연의 논리에 의지할 뿐만 아니라, 그들 대부분이 비합리적이고 수학적이지 않은 우주는 존재할 수 없다고 주장한다. 자연의 규칙성과 함께 아르키메데스에서 뉴턴, 아인슈타인에 이르기까지 그 규칙을 찾아내는 우리의 특별한 능력이 인류에게 힘과 안정감, 통제감을 선사해 주었음은 틀림없다.

과학자들의 개인적인 바람을 넘어, 규칙적인 자연의 유용성은 이미 널리 증명되었다. 규칙적이고 예측 가능한 계절의 순환으로 농업이 발달할 수 있었으며, 물질의 일정한 성질은 산업을 발전시켜 주었다. 인체에 백시니아 바이러스 vaccinia virus*를 주입했을 때 T림프구T-lymphocytes**와 기타 항체가 반복적으로 생성됨으로써 역사적으로 가장 위협적인 바이러스였던 천연두를 박멸할 수 있었다.

이러한 실용적인 응용과 더불어 과학은 자연의 난해한 현상마저 설명하고 꽤 정확하게 예측할 수 있게 되었다. 이를테면, 수성의 궤도는 17세기에 뉴턴이 정립한 중력의 법칙으로 계산한 값보다 살짝 더 회전한다. 100년 당 0.012도 각도로 아주 작은 차이지만 이것은 아인슈타인의 현대 중력 이론인 일반 상대성이론에 의해 성공적으로 계산할 수 있었다.

드디어, 이제 과학자들과 많은 사람들은 인간이 이러한 자연의 법칙들을 발견할 수 있음을 확신하게 되었다. 항상 이렇게 믿어왔던 것은 아니다. 수 세기 동안 사람들은 자연이 작용하는 방식을 포함한 다양한 형태의 지식들에 대해 인간이 범접할 수 없는 신의 영역이라고 생각해 왔다. 그러나 현대 과학의 위대한 성공이 그러한 견해에 도전장을 던졌다. 신을 믿고 안 믿고를 떠나서 말이다. 어떤 의미에서 과학의 성공이라는 인류의 위업은 우리에게 자연의 규칙성을 선언할 수 있는 힘을 주었다.

위에 언급한 모든 과정은 소위 과학의 중심원칙Central Doctrine of Science으로 이어진다. 물리적 우주에서 일어나는 모든

---

* 우두 바이러스라고도 불리며, 천연두 바이러스를 예방하는 바이러스로 쓰였다.
** 백혈구의 일종으로 세포성 면역 기능에 관여한다.

사건과 특성들이 자연법칙의 지배를 받으며, 그 법칙들은 물리적 우주의 모든 시간과 장소에서 실제로 벌어지는 사실이라는 원칙이다. 과학자들은 이 원칙을 명시적으로 논하지는 않는다. 그저 간단히 가정할 뿐이다. 내가 물리학 대학원생이었을 때, 내 지도교수는 이 원칙에 대해 한 번도 언급한 적이 없었다. 그러나 그가 자신의 연구를 진행할 때나 학생들을 지도할 때마다 이 원칙이 그 안에 내포되어 있었다.

내가 처음으로 연구했던 주제 중 하나는 은하 중심에 있는 굉장히 뜨거운 가스가 어떻게 행동하는지에 관한 것이었다. 가스가 충분히 뜨거울 경우, 전자와 그들의 반입자는 거대한 열에너지로부터 생성될 수 있다. 초반에, 나는 아인슈타인의 유명한 방정식인 $E=mc^2$과 지구상의 수많은 실험실에서 확인된 수학적 지식을 물질이 에너지로부터 생성될 수 있다는 방정식의 결과로 사용해야 했다. 나는 계산을 하면서도 이와 같은 방정식이 수백만 광년 떨어진 은하에 적용되는 것에 대해 한 치의 의문도 갖지 않았다.

철학자들은 '자연의 법칙'들이 단순히 자연의 설명에 불과한가, 아니면 자연의 본질적 요소인가에 관해 논쟁을 벌인다. 여기서 후자는 자연법칙을 자연이 언제나 예외 없이 복종해야 하는 규칙으로 보는 관점이다. 그리고 과학의 중심원칙과 대부분 과학자의 견해로 봤을 때, 이 법칙들은 자연의 본질적 요소이다.

　오랜 시간 동안, 인간은 진화하는 자연의 복잡한 개념을
이해하고 있었다. 지구상의 모든 문화에는 대지의 여신이
존재한다. 고대 그리스에서는 그녀를 가이아라고 불렀고,
고대 로마에서는 테라 마테르라고 불렀으며, 고대 메소포타
미아에서는 닌순이라고 칭했다. 태국에서는 프라 매 토라
니, 마오리족은 파파투아누쿠라고 불렀다.

　오랜 옛날, 자연이 인간과 같았을 때 그녀는 화를 낼 줄
알았고 복수심에 불타기도 했으며, 사랑하기도 무관심하기
도 했다. 오늘날 수많은 종교적 전통을 보면 다양한 신들이
자연과 연관되어 있다. 힌두교의 3억 3천만의 신들이 자연
에 스며들어 있다. 그 신들은 과학으로 발견한 규칙이나 다
른 규범에 얽매이지 않는다. 그 세계관 속에서는 합리적인
것과 비합리적인 것, 예측 가능한 일과 예측 불가능한 일,
평범한 사건과 기적적인 사건의 경계가 모호해진다.

　심지어 유대-기독교 신앙과 전통에서도 그러한 경계가
모호하다. 미국인들 대부분이 고속도로를 달리는 시속 100
킬로미터 차 안에서 직진 방향을 유지하기 위해 핸들을 조
금씩 수정할 때마다 과학에 철저한 신뢰를 보낸다. 그런데
그와 동시에, 미국인 3분의 2 이상이 기적도 믿고 있다. 이

것을 어떻게 설명할 수 있을까? 나는 (물리학자로) 과학의 영역에서도 살아보았고, (소설가로) 예술의 영역에서도 살아보았으므로, 어떻게 그리고 왜 그러한 모순과 모호함이 나타나는지 나의 의견을 제시해 보겠다.

기적은 기적이 아닌, 자연의 평범하고 일상적인 현상과 대조해 보았을 때에만 그 의미가 드러난다. 우리는 냉난방을 조절할 수 있는 집과 아스팔트로 된 고속도로, 인조 잔디 그리고 수천 킬로미터 떨어진 친구들과 영상으로 대화할 수 있는 스마트폰이 있는 현대 세계에 살고 있다. 그래서 대부분은 무엇이 '자연스럽고' 무엇이 '부자연스러운지'에 대해 막연한 생각만 가지고 있는 것 같다. 인공적인 장치 없이 자연 세계를 있는 그대로 관찰하는 일도 거의 없다. 과학계에서조차, 천문학자들은 망원경 렌즈로 직접 하늘을 보지 않으며, 대신 CCDs 라고 불리는 디지털 장치로 이미지를 수집해서 컴퓨터 화면으로 확인한다.

최근 몇 년간 일어난 환경 운동으로 자연에 대한 우리의 인식이 어느 정도 발전되었다. 환경운동가이자 정치인인 앨 고어AI Gore는 저서 『위기의 지구Earth in the Balance』에 이런 글을

---

* Charge-coupled devices의 약자로, 빛을 전하로 변환시켜 이미지를 얻어내는 이미지 센서.

적었다. "우리가 연속적으로 겪고 있는 위기를 통해,[94] 지구의 자원을 점점 더 많이 소비하는 우리의 생활 방식과 그에 대한 중독에서 비롯된 인간과 지구의 불화가 명백히 드러났다. 각각의 위기는 우리 문명과 자연 세계 사이에서 더욱 파괴적인 충돌이 일어나고 있음을 보여준다."

그러나 이러한 환경의식조차도 인간과 자연 사이의 단절을 크게 바꾸지는 못했다. 아직도 우리 대부분은 밤하늘의 별이 빛나는 모습을 볼 수 없는 환한 도시에서 살고 있으며, 의식적으로든 무의식적으로든 물리적 우주와 나란히 존재하는 일종의 영적인 우주를 믿는 사람들도 많다. 그렇기에, 물리적인 우주와 영적인 우주 이 두 가지의 다른 존재가 상호 작용하는 모습도 기적에 포함된다.

이 구분에 대한 두 가지 예외 사항을 이야기하고자 한다. 17세기 철학자 바뤼흐 스피노자Baruch Spinoza에 의해 알려진 철학설인 범신론pantheism* 에서는 물리적인 우주와 영적인 우주가 구별되지 않는다. 오직 하나의 우주만 존재하며, 자연이 신으로 가득 차 있다. 자연에는 어떠한 경계도 없고, 자연은 모든 것 그 자체다. 이 상황에서의 과학적 자연 법칙들은 모두 자연의 한 가지 측면만을 기술할 뿐이다. 다른 측면에서

---

*   신과 만물이 하나라는 철학설.

는 과학적으로 설명할 수 없고 예측할 수 없는 신성한 사건들이 일어나는 것이다.

또 다른 예외는 이신론deism이다. 이신론에서는 두 우주가 구별되긴 하지만, 물리적 세계에서는 신이 아무 행동도 하지 않는다. 서로 간의 교차점이 없다. 신이 우주를 움직이게 하고는 자리에 앉아버렸다. 따라서 이신론 안에서는 기적이 존재할 수 없다. 이렇게 18세기 계몽주의 시대에 두각을 나타냈던 이신론은 사람들에게 종교적 신념과 현대 과학의 발흥을 조화시키는 방법을 제공해 주었다.

그보다 도전적인 세계관은 영적인 우주와 물리적 우주가 구별되긴 하지만, 간혹 기적의 형태로 서로 관여한다고 보는 것이다. 여기서 기적은 법칙을 기반으로 존재했던 경계를 허물어 버린다. 이 견해에 따르면 영적인 우주에서의 어떤 존재와 사건들이 때때로 물리적 우주로 건너가서 그 모습을 나타낸다. 홍해가 갈라지고, 예수가 부활하고, 무하마드가 달을 쪼갠 일들이 바로 그 예다. 좀 더 평범한 수준에서 보자면, 우리 중에는 전생에 대해 기억한다거나 순간적으로 일어날 미래의 사건을 예감하고, 혹은 초공간으로

---

* 신이 세계를 창조했음은 인정하나, 창조한 뒤의 세상에서는 신의 개입 없이 우주가 법칙에 따라 자체적으로 움직인다고 보는 사상.

양말이 사라지는 등 일상에서 '작은' 기적을 경험했다고 보고하는 사람도 많다.

심지어 과학자 중에도 그러한 교차점을 믿는 이들이 있다. 하버드대학교의 천문학 및 과학사 교수인 오언 깅거리치Owen Gingerich는 내게 이렇게 말했다. "나는 물리적 우주가[95] 어떻게든 더 넓고 깊은 영적인 우주 안에 둘러싸여 있다고 믿습니다. 거기서 기적이 일어날 수 있습니다. 이렇게 대부분 법칙으로 이루어진 세상이 아니었다면 우리는 미리 계획을 세우거나 결정을 내릴 수 없었을 것입니다. 세상이 보이는 과학적인 모습은 중요하지요. 그러나 세상 모든 사건에 적용되지는 않습니다." 나는 모든 과학자들 중에 3에서 5퍼센트 정도만이 깅거리치의 의견에 동의할 거라고 본다. 소수임이 분명한 이 과학자들은 과학과 자연의 법칙이 대부분 진실이라고 믿지만, 때때로 신이 물리적인 세계에 개입하고 과학으로 분석될 수 없는 방식으로 행동한다고 생각한다.

나는 영적인 우주에 대한 믿음이 *의미meaning*를 향한 인간의 욕망에서 상당 부분 비롯된다고 생각한다. 여기서 의미란 우리 개인의 삶과 우주 전체가 가지는 의미를 뜻한다. '나는 왜 여기 있는가?' 혹은 '내 삶의 목적은 무엇인가?' '내 안에서 발견한 이 오묘한 우주는 무엇을 의미하는 것인가?'와 같은 심오한 철학적 질문이나, '전쟁 중에 적군을 죽이는

일이 옳은 것인가?' '내 가족을 먹이기 위해 음식을 훔치는
일이 옳은 것인가?'와 같은 도덕적 질문은 과학으로는 대답
할 수 없다.

그러나 이 질문들은 정신적이고 감정적인 우리의 삶에
필수적이다. 영적인 우주는 우리가 이러한 질문에 답하기
위해 돌아보는 장소이자 영원한 진리와 지표가 있는 세계이
며, 짧은 순간에 불과한 우리 인간의 삶과 대조되는 어떤 영
원한 존재를 소유한 세상이다. 그러한 공간에서 논리나 합
리성, 규칙성은 어휘의 일부조차 될 수 없다.

영적인 우주는 신을 포함하고 있을 수도, 그렇지 않을 수
도 있다. 하지만 종교와는 보통 관련이 있다. 하버드대학교
교수였던 철학자이자 심리학자인 윌리엄 제임스William James
는 그의 저서 『종교적 경험의 다양성Varieties of Religious Experience』
을 통해, 가장 넓은 의미의 용어로 종교란, "보이지 않는 질
서가 존재한다는 믿음이며,[96] 우리의 가장 좋은 선善은 그 질
서에 우리 자신을 조화롭게 순응시키는 태도"라고 특징지
었다.

제임스의 종교 관념 속에 있는 이 '질서'는 의미를 부여
하는 데 도움이 된다. 질서는 보이지 않아야 한다. 왜냐하
면, 인간 세상에는 이성적으로는 이해하기 어렵고 혼란스러
운 문제가 많기 때문이다. 이 가상의 질서는 우리에게 편안

함과 안전함을 제공해 준다. 우주에 어떤 목적이 있다고 말해준다. 이 질서는 물리적 우주의 바깥에서, 영적인 우주에서 온다. 역설적으로, 신자들에게도 똑같이 보이지 않는 이 질서가 때로는 질서 정연한 자연의 법칙을 위반하고 기적을 낳는다.

고백하건대, 나 자신은 기적을 믿지 않는다. 왜 항상, 심지어 어렸을 때조차 이토록 강하게 불신하는지 가끔 궁금하기도 했다. 나는 물리적 세상이 규칙적인 세계라는 사실을 스스로 만족할 수 있도록 입증하는 과정에서 나의 이런 견해가 형성되었다고 생각한다. 열두 살 혹은 열세 살 소년이었던 시절, 나는 내 과학 프로젝트 중에서 낚싯줄 끝에 추를 묶어서 진자 여러 개를 만드는 일을 시작했다. 길이가 다른 진자를 만들고, 초시계로 각 진자가 왕복운동을 하는 시간을 쟀다. 그때 내가 읽었던 과학책에서는 진자가 한 번 왕복하는 데 걸리는 시간인 진자의 운동 주기가 줄 길이의 제곱근에 비례한다고 적혀 있었다. 나는 혼자 그 공식을 검증한 다음, 진자들을 채 다 만들기도 전에 그 공식으로 새로운 진자의 주기를 예측해 놓았다. 이 간단한 공식이 우리 집에서나, 친구네 집이나 어디서든 똑같이 계속해서 적용된다는 사실이 너무나 감탄스러웠다. 기복이 심하고 예측할 수 없

는 형제들이나 어머니, 아버지의 행동과 달리 자연은 믿음
직스러웠다.

　나는 나이가 들면서 자연의 법칙과 과학자들이 하는 일
에 대해 점점 더 많이 알게 되었고, 반면에 초자연적인 세계
에 대해서는 어떤 증거도 보지 못했다. 그래서 우리가 물리
적 세계에서 경험하는 모든 일이 반복적이고 보편적인 자연
법칙의 관점에서 설명될 수 있다고 생각하게 되었고, 그 생
각은 지금도 여전하다. 우리가 완전한 자연의 법칙을 가지
고 있지는 않지만, 나는 다른 과학자 대부분과 마찬가지로
완전한 자연법칙이 존재한다고 믿는다. 과학의 역사는 자연
의 법칙을 발견하는 데 있어, 끊임없는 진보의 역사였다.

　그와 동시에, 물리적 우주 바깥에 있으면서도 우리의 시
공간에 마음대로 들어올 수 있는 다른 종류의 현실이 존재
할 가능성이 내게는 극히 희박해 보인다. 나는 그런 세상에
대한 증거를 본 적이 없다. 우리는 모두 자신의 경험과 우
리가 신뢰하는 사람들의 경험을 바탕으로 자신만의 세계관
을 정립해야 한다. 이와 관련해서 나는 항상 오컴의 면도날
Occam's razor*을 따랐다. 어떤 사건들을 설명하기 위한 가설이
여러 개 있을 때, 나는 최소한의 전제만을 필요로 하는 가장

---

*　어떤 현상에 대한 가장 단순한 설명이 진실일 가능성이 높다는 논리.

단순한 가정을 선택하고, 틀렸다고 확인되기 전까지는 그 가정을 고수했다.

만일 물리적 세상을 자연의 법칙들로 설명할 수 있다면, 왜 굳이 자연이 아닌 것을 고려해야 할까? 내가 생각하기에 홍해가 갈라진 일이나 다른 기적들은 문서로 기록되어 있지도 않고 확인되지도 않은 일이다. 게다가 그 일들은 내 어린 시절 실험에서부터 물리학 연구에 이르기까지, 내가 이 세상의 일상에서 자연과 경험했던 크고 작은 수많은 경험을 통해 내가 수용하게 된 현실과 상반된다.

이 모든 말에도 불구하고, 나는 여전히 내가 영성spirituality을 가진 영적인 사람이라고 생각한다. 내가 말하는 영성이란, 자신보다 더 큰 존재에 대한 믿음, 아름다움을 향한 감사, 황금률Golden Rule*과 같은 특정한 도덕적 행동 규칙에 대한 헌신을 의미한다. 영성은 기적에 대한 믿음을 필요로 하지 않는다.

아내와 나는 다른 마을과 멀리 떨어진 메인주의 한 작은 섬에서 여름을 보낸다. 밤이 되면 하늘이 무척 깜깜해진다.

---

* 그리스도교 윤리의 근본 원리로 '무엇이든지 남에게 대접받고자 하는 대로 너희도 남을 대접하라'라는 가르침이다(성경 마태복음 7장 12절, 누가복음 6장 31절 내용).

간혹 바람이 불지 않고 조수의 흐름도 옅어서 바다가 매우 고요할 때는 물 위에 비친 별들의 모습을 볼 수 있다. 그때의 수면은 마치, 파도가 지나갈 때마다 살랑살랑 흔들리며 퍼지는 백만 개의 작은 빛이 수놓은 검은색 카펫 같다. 모든 과학적 사실을 알고 있음에도, 나는 완전히 넋을 잃고 경외심을 느낀다. 그것만으로도 나에게는 기적이다.

자연 속의 외로운 우리 집

●

2014년, 아칸소주와 다른 여러 지역을 초토화한 토네이도는 집들을 성냥개비로 만들고 수십 명의 목숨을 앗아갔으며, 같은 해 워싱턴주에서 발생한 치명적인 산사태는 상상할 수 없는 자연의 힘을 다시 한번 보여주었다.

물론, 우리가 이런 사건을 목격한 건 처음이 아니다. 2004년에 인도양에서 일어난 지진과 쓰나미는 인도네시아와 다른 나라들에 살고 있던 25만 명의 생명을 죽음으로 몰았다. 2005년에 찾아왔던 허리케인 카트리나는 최소 1천8백 명의 생명을 앗아갔으며 천억 달러에 육박하는 재산 피해를 일으켰다. 2011년 일본의 쓰나미로 1만 8천 명의 영혼이 바다에 잠겼다. 그리고 현재, 내가 이 에세이를 퇴고하고 있는 2020년 5월에는 코로나바이러스가 전 세계를 흔들고 있다.

이런 재난이 닥치고 나면, 우리는 침대에서 자다가, 현장에서 일하다가, 사무실 책상에 앉아 있다가 아무런 경고 없이 생을 마감한 무고한 사람들을 떠나보내며 슬퍼한다. 우리에게 닥친 재앙을 예측하지도 못하고, 혹은 경고를 했어도 우리를 지켜내지 못한 과학자들과 정치인들에게 분노를 느낀다.

이러한 슬픔과 분노 너머에는 더욱 날카로운 감정이 있다. 바로 배신감이다. 우리는 자연에 배신감을 느낀다. 우리는 자연에서 태어나고, 자연이 주는 음식을 먹고, 자연이 주는 음식으로 살고, 태양으로 몸을 덥히는 자연의 일부가 아니었던가? 풀밭을 거닐고, 맨발로 해변에 앉아 있기를 즐기는 우리가 아니었던가? 에머슨과 워즈워스*가 그들의 시에서 아름답게 묘사했듯, 터너**와 컨스터블***이 그 평온하고 웅장한 광경을 그림으로 그려냈듯, 우리는 바람과 물, 땅과

---

* 윌리엄 워즈워스William Wordsworth는 영국의 낭만주의 시인으로, 『서정가요집Lyrical Ballads』, 『서곡Prelude』 등의 작품을 썼다. 영국 왕실에서 가장 명예로운 시인에게 수여하는 '계관시인' 칭호를 받았다.

** 윌리엄 터너William Turner는 영국 인상주의 화가이며, 빛을 이용한 풍경 묘사가 탁월한 영국 최고의 화가로 손꼽힌다.

*** 존 컨스터블John Constable은 영국의 낭만주의 화가로 터너와 같은 시대에 태어난 풍경화가다. 터너가 빛 속에 용해된 자연 풍경을 그렸다면, 컨스터블은 자신의 눈에 보이는 대로 세세하게 자연의 풍경을 그린 것으로 유명하다.

깊은 영적 교감을 나누지 않았던가? 어째서 대자연은 그녀의 아이들인 우리에게 이럴 수 있는 것인가?

그러나 우리가 자연과 이토록 강한 친밀감과 일체감을 느끼고 있음에도 불구하고, 자연은 우리에 대해 단 한 톨도 신경 쓰지 않는다는 사실을 모든 증거가 말해준다. 자연 속에서 사는 인간들을 조금도 고려하지 않은 채, 토네이도와 허리케인, 홍수와 지진, 화산 폭발, 전염병 등이 때와 장소를 가리지 않고 발생한다.

내가 처음으로 가늠할 수 없는 자연의 힘에 직면했을 때가 생각난다. 나는 아내와 그리스 섬에서 2주간의 휴가를 보내기 위해 작은 범선을 전세 낸 적이 있었다. 그리스 항구 도시인 피레에프스에서 출발한 우리는 남쪽으로 가서 항구까지 약 5, 6킬로미터 떨어진 해안 쪽으로 다가갔다. 쌍안경으로 보면 땅 위의 집들과 각종 건물의 조각들이 반짝거리는 모습을 볼 수 있었다. 그리고 우리는 수니온 곶의 끝자락을 지나 히드라섬이 있는 서쪽으로 방향을 틀었다.

몇 시간이 지나자, 육지와 다른 배들이 모두 사라졌다. 원을 그리듯 주위를 둘러보니, 우리 눈앞에는 하늘과 맞닿는 곳까지 사방으로 끝없이 펼쳐진 바다뿐이었다. 처음에는 벅찬 기분이 들었다. 하지만 곧 두려워졌다. 왜냐하면, 여름 계절 동안 멜테미meltemi라고 불리는 매섭고 건조한 바람이에게해에 나타나는데, 이 멜테미는 맑은 날씨에서도 예고 없이 갑자기 출현해서 거대한 파도와 해일을 일으켜 몇 분 만에 우리를 덮칠 수 있기 때문이다.

언제라도 갑자기 물과 바람의 벽이 수평선에서 솟구쳐 올라 우리 배를 뒤집고 나와 아내를 물속으로 빠뜨릴 수 있었다. 그때 나는 그런 상황으로부터 나를 지켜줄 수 있는 아량이나 의식 따위는 바다에 존재하지 않는다는 것을 깨달았다. 넓고 넓은 바다에게 우리는 그저 수면 위를 떠다니는 부유물과 표류물 조각에 불과했다. 그리고 어느 날 알래스카의 해안가를 걷다가 갑자기 들이친 파도에 휩쓸려버렸다는 지인이 떠올랐다.

나는 자연에 대해 우리가 느끼는 평안함이 환상이라고 생각한다. 물론 우리가 자연의 일부인 것은 사실이지만, 자연이 우리를 신경이나 쓸까? 여기 지구에서 우리는 지진과 폭풍을 경험했음에도 불구하고 자연의 범위나 힘에 대한 개념을 가지고 있지 않다.

우주에는 온도나 대기, 중력의 상태가 지구에서보다 훨씬 더 극단적이고 생명체가 살 수 없는 곳이 수도 없이 많다. 예를 들어, 태양계 행성 중 수성은 온도가 800도에 이르고, 해왕성은 영하 328도이다. 천왕성에서는 바람이 시속 800킬로미터가 넘는 속도로 분다. 죽은 별들의 경우, 크기는 작지만 중력은 매우 커서, 표면 위에 1센트 동전을 올려 놓으면 그 무게가 수십만 톤이 넘게 된다. 지난 10년간, 태양계 밖에서 천 개가 넘는 행성들이 발견되었으며, 그중 많은 행성이 지구와 매우 다른 환경을 가지고 있다. 어떤 행성은 명백하게 물로 완전히 덮여 있으며 두꺼운 대기층을 갖고 있다. 또 다른 행성은 중심 항성을 공전하는 주기가 9시간에 불과하다. (그 행성의 1년이 지구의 하루보다 짧은 것이다.)

지난 역사의 기록을 살펴보면, 인류는 때에 따라 자연에 대해 상충된 견해를 갖고 있었다. 고대에 우리는 자연적 요소를 가지고 놀라우면서도 무서운 신들을 만들었다. 고대 바빌로니아와 아시리아 시대의 폭풍의 신 아다드는 농작물에 비를 내려주었지만, 육지와 바다에 대혼란을 일으키고 죽음을 초래하기도 했다. 불의 신 불칸은 창조와 파괴 모두를 일으켰으며, 때로는 적들을 섬멸하기 위해 소환되기도 했다.

중국 사상에서는, 특히 도교에서는 도덕적, 육체적 건강을 위해 자연의 리듬을 따라야 한다고 권했다. 인간이 정기적으로 다른 동물이나 심지어 무생물로 변한다는 몇몇 신화를 보면, 우리가 자연과 매우 가깝다는 것을 알 수 있다. 아즈텍 신화의 쌍둥이 화산인 포포카테페틀과 이스탁시우아틀은 한때 인간 연인이었으며, 후에 신들에 의해 산으로 변했다.

다른 방향에서 보면, 자연은 끊임없이 인간의 자질을 부여받았다. 워드워스는 "자연은 그녀를 사랑하는 마음을 절대 배신하지 않는다"라는 글을 썼다. 대자연은 지구상의 모든 문화에서 우리에게 젖을 물리고 위로를 해주었다. 20세기와 21세기의 일부 환경론자들은 지구 전체가 단일 생태계이며, 가이아라고 불리는 '초유기체superorganism'이라고 주장했다.

그러나 나는 지금까지 우리가 우리 자신을 속여왔다고 주장하고 싶다. 자연은 사실, *마음이 없다*. 자연은 친구도 아니고, 적도 아니며, 자애롭지도 악의적이지도 않다.

자연에는 목적이 없다. 자연은 그저 존재한다. 우리는 자연을 아름답다거나 끔찍하다고 느낄지 모르지만, 그러한 감정들은 인간의 구성물일 뿐이다. 마음이 있는 우리는 그런 완전무결한 무심함을 받아들이기 어렵다. 자연과 강한 유대감을 느낀다. 그러나 자연과 우리의 관계는 일방적이며, 서로 마음을 주고받는 일은 없다. 벽 반대편에는 마음이 없기 때문이다. 마음의 부재와 엄청난 힘이 결합한 존재. 그것이 내가 그리스의 범선 위에서 그토록 두려워했던 것이었다.

유엔의 '기후 변화에 관한 정부간 패널IPCC: Intergovernmental Panel on Climate Change'에서 발표한 2014년 보고서에는[97] 현재 인

간이 만들어낸 온실가스와 지구 온난화, 기후 패턴의 변화, 해수면의 상승, 가뭄과 폭풍 그리고 이에 따라 인간의 거주지와 농업이 입은 피해에 대해 기록되어 있다. 그러나 이 보고서에 대한 내 생각은, 이 행성을 보호하는 일에 대해 걱정할 필요가 없다는 것이다. 자연은 우리가 해줄 수 있는 것보다 더 큰 생존능력을 갖추고 있으며, 향후 100년 안에 호모 사피엔스가 살든지 죽든지 전혀 의식하지 못한다. 우리가 걱정해야 할 것은 우리 자신을 지키는 일이다. 왜냐하면, 우리를 보호해 줄 존재는 오직 우리 자신뿐이기 때문이다.

생명체는 정말 특별한가?

●

발사지 현지시각으로 2009년 3월 6일 저녁 10시 49분. 등
유와 액체산소를 동력원으로 하는 로켓 한 대가 우주 망원
경을 탑재한 채 발사되었다. 발사지는 은하수 중앙에서 2만
5천 광년 떨어진 지점에 있는 G타입 항성*의 세 번째 행성
으로, 처녀자리 은하단 끝자락에 있는 행성이었다. 로켓이
발사되던 그날 밤, 밤하늘은 티 없이 맑았으며 기온은 절대
온도로 292도(섭씨 18.85도)였다.

　이 행성에 살고 있던 지적 생명체들은 로켓이 성공적으
로 발사되길 기원했다. 발사 직후, 로켓 우주선의 관할 기관
인 미항공우주국 나사에서는 컴퓨터 네트워크를 통해 다음

---

*　별은 온도에 따라 O, B, A, F, G, K, M 타입으로 나뉘며, 태양은 그 중 G타입에 해당한다.

과 같은 메시지를 전 세계에 보냈다. "인류에게 있어 중요한 의미를 지닌 미션에 참여하게 되어 굉장히 기쁩니다.[98] 우리는 케플러를 통해 지구가 홀로 특별한 것인지, 아니면 저 넓은 우주에 우리와 같은 존재가 더 있는지를 알아낼 수 있을 것입니다."

이 메시지는 어쩌면 케플러가 찾고자 하는 정확히 바로 그런 종류의 먼 행성에 살고 있는 지적 생명체가 보낸 것일지도 모른다. 르네상스 시대의 천문학자 요하네스 케플러 Johannes Kepler의 이름을 딴 이 우주 망원경은 우리 태양계 밖의 우주에서 생명체가 '거주할 수 있을 만한' 행성, 즉 물이 끓어오를 만큼 중심별과 너무 가깝지도 않고, 그렇다고 물이 얼어버릴 만큼 너무 멀지도 않은 그런 행성을 찾기 위해 특별히 설계된 망원경이었다.

생물학자들 대부분은 액체 상태의 물이 생명체의 전제조건이라고 보고 있으며, 그 생명체가 지구의 생명체와 매우 다른 존재일 거라고 예측하고 있다. 케플러는 우리 은하에 있는 약 15만 개의 태양과 비슷한 항성계를 조사한 끝에 천 개가 넘는 외계행성들을 발견했다. 비록 케플러의 인공위성은 2013년에 작동을 멈췄지만, 아직도 그 방대한 데이터를 분석하고 있다. 수 세기 동안 우리 인류는 우주의 다른 곳에 생명체가 존재할 가능성에 대해 추측해 왔다. 그리고 인류 역사상 처음으로 그 심오한 질문에 대답할 수 있게 되었다.

케플러 미션의 결과를 살펴보면, 현재까지 확인된 모든 별 중 약 10%가 생명체가 살 수 있는 행성을 궤도 안에 가지고 있다고 추정할 수 있다. 이것은 적지 않은 확률이다. 우리 은하에만 천억 개의 별이 있고 그 너머에는 다른 수많은 은하가 있으므로, 생명체를 가진 태양계가 아주 많을 가능성이 매우 크다. 이러한 관점에서 봤을 때, 우주에서 생명체란 흔한 존재일 것이다.

하지만 우주에서 생명체를 찾기가 매우 어렵다는 관점을 가진 사람들도 있다. 이러한 관점에서 보는 과학자들은 생물학적이든 무생물학적이든 온갖 종류의 문제들을 모두 고려한다. (케플러 위성이 판별한 대로) 생명체가 '살 수 있는' 행성에 생명체가 정말 있다고 해도, 우주 내에서 살아 있는 존재의 비율 자체는 말도 안 되게 작다. 생물권biosphere이라고 불리는 우리 지구가 생명체를 지닌 다른 행성들의 전형적인 모습이라고 가정한다면, 우주에서 살아 있는 형태로 존재하는 모든 생명체의 비율은[99] 어림잡아 10억분의 1의 10억분의 1, 즉 100경분의 1 정도이다. 이렇게 작은 비율을 바로 이해하는 방법이 있다. 우주 전반에 걸쳐 있는 모든 물질을 고비사막의 모래라고 가정해 보는 것이다. 이 경우, 고비사막에서 살아 있는 생명체의 존재는 모래알 몇 알에 불과하다. 이처럼 극단적일 만큼 희귀한 생명체의 존재를 우리는 어떻게 이해해야 하는 걸까?

앞서 언급했듯이, 역사 대대로 인류의 대부분은 인간을 포함한 생명체들이 무생물체에는 없는, 그들과는 다른 원칙을 따르는 어떤 특별하고도 본질적인 힘을 갖고 있다고 생각해 왔다. 기원전 8세기 이집트 왕실의 고관이었던 쿠타무와Kutamuwa는 영원히 사라지지 않을 자신의 영혼을 위해 8백 파운드(약 360킬로그램)의 기념비를 세우고, 자신의 육신이 죽으면 사후 세상에서 그를 기념할 수 있도록 기념비와 함께 잔치를 벌여달라고 친구들에게 부탁했다. 11세기 페르시아의 학자였던 아비센나Avicenna는 우리가 모든 외부 감각으로부터 완전히 단절되어 있어도 사고하고 자각할 수 있으므로, 우리 내부에는 분명히 어떤 비물질적인 영혼이 있을 거라 주장했다. 이는 모두 '활력론자vitalist'적인 생각이다.

현대 생물학은 이러한 활력론vitalism에 도전해 왔다. 1828년, 독일의 화학자 프리드리히 뵐러Friedrich Wöhler는 무기물로부터 유기물을 합성하는 데 성공했다. 유기물은 많은 생물의 신진대사 부산물로, 뵐러의 연구 이전에도 생물과 특별히 연관되어 있다고 믿어져 왔다. 19세기 후반, 독일의 생리학자 막스 루브너Max Rubner는 인간이 움직임, 호흡 등 다양한 형태의 활동에서 사용하는 에너지가 소비되는 음식의 에너지 함량과 정확히 같다는 것을 보여주었다. 즉, 인간을 움직이는 숨겨진 비물질적 에너지원은 존재하지 않음을 의미한다. 최근에는 단백질과 호르몬, 뇌세포, 유전자의 구성이 개별 원자로 줄어들었기 때문에 비물질적 요소는 언급할 필요도 없게 되었다.

그러나 미국인을 대상으로 한 여론 조사에 따르면,[100] 응답자의 4분의 3이 사후의 삶을 믿는다고 한다. 물론 이 믿음 또한 활력론의 한 형태이다. 만약 우리의 몸과 뇌가 물질적 원자에 지나지 않는다면, 2천 년 전 철학자 루크레티우스가 글로 남긴 것처럼, 그 원자들이 사후에 흩어져버려서 예전처럼 살아가는 생명체가 더는 존재할 수 없을 것이기 때문이다.

역설적이게도, 만일 우리가 몸과 뇌에 어떤 초월적이고 비물질적인 힘이 내재해 있다는 믿음을 내려놓는다면, 또 우리가 물질적인 존재라는 생각을 완전히 받아들일 수 있다면, 우리는 활력론의 특수성을 대체하는 새로운 종류의 믿음에 도달할 수 있다.

바로 우리가 특별한 존재라는 믿음이다. 우리를 구성하는 원자가 바위나 물의 원자와 다르다거나, 우리 안에 비물질적인 요소가 있어서 특별하단 것이 아니라, 우리 원자가 생명체와 의식을 창조하기 위해 특별한 방식으로 배열되어 있기 때문에 특별하다는 것이다. 이 행성 안에서 사는 우리는 인간의 짧은 생애와 그 유한함에 대해 초조해한다. 그러나 살아 있음 그 자체가 얼마나 불가능한 일인지에 대해서는 거의 생각해 보지 않는다. 우리는 우주에 있는 수많은 원자와 분자 가운데 살아 있는 물질을 만들기 위해 특별한 배열로 결합 된 아주, 아주 극소수의 원자들로 이루어졌다는 특권을 부여받았다. 우리는 10억분의 1의 10억분의 1에 해당하는 존재다. 우리가 바로 그 사막의 모래 한 알인 것이다.

베케트*의 희곡 「고도를 기다리며Waiting for Godot」를 보면, 에스트라공과 블라디미르라는 인물 두 명이 시간적, 공간적 배경도 없는 매우 단출한 무대에 올라 누군지도 알 수 없는 고도Godot를 무한정 기다린다. 그리고 두 사람은 대화를 나누며 존재의 의미에 대해 혼란스러워하는 우리의 감정을 표현한다.

에스트라공: "우리가 어제 뭘 했지?"

---

* 사뮈엘 베케트Samuel Beckett는 아일랜드 태생의 프랑스 극작가로, 1969년에 노벨 문학상을 받았으며 근현대 문학의 대표적인 거장 중 하나로 평가받고 있다.

블라디미르: "우리가 어제 뭘 했느냐고?"

에스트라공: "그래."

블라디미르: "참 나… (화를 내며) 자네는 뭐든 혼란스럽게 만든다니까."

물론, 극 속 질문들은 답을 얻지 못한다.

하지만 우리가 평상시의 생각에서 벗어날 수 있다면, 만일 우리가 우주의 관점이라는 진정 새로운 시각의 경지에 오를 수 있다면, 존재에 대해 생각하는 또 다른 방법을 가질 수 있다.

살아 있을 뿐만 아니라 의식까지 가진 물질이라는 특별한 위치에서, 우리는 우주의 '관찰자'이다. 우리는 유일무이하게도 우리 자신과 주변의 우주를 인식하는 존재다. 관찰하고, 기록할 수 있다. 우리는 우주가 자신에 관해 설명할 수 있는 유일한 방법이다. 그 외의 다른 것들은, 사막의 그 모든 모래알은, 의식이 없고 생명도 없는 물질에 불과하다.

물론, 우주는 자신에 관해 설명할 필요가 없다. 생명체가 전혀 없다 해도 우주는 무감각하게 에너지 보존과 인과율의 원리, 물리학과 생물학의 법칙 등에 따라 문제없이 기능할 수 있다. 우주는 마음은 물론이고 다른 살아 있는 물질이 전혀 필요 없다. (실제로, 최근 많은 물리학자가 지지하고 있는 '다중우주multiverse'론에 따르면, 생명체가 전혀 없는 우주가 대부분이라고 한다.)

그러나 내 의견으로는, 설명이 없는 우주는 의미가 없는 우주다. 저기 있는 저 산과 폭포가 아름답다는 것은 무슨 의미일까? 아름다움이라는 개념, 그리고 가치와 의미의 개념은 모두 사실상 관찰자를 필요로 한다. 그것을 관찰하는 마음이 없다면, 폭포는 폭포일 뿐이요, 산은 산일 뿐이다. 의식하는 물질이자, 모든 형태의 물질 중 가장 희귀한 우리만이 눈앞에 존재하는 우주의 파노라마를 기록하고 발표할 수 있다.

위에 언급한 내용에 어느 정도의 순환성이 있다는 것을 알고 있다. 의미란 오직 마음과 지성의 맥락 안에서만 그 의의가 있기 때문이다. 마음이 없다면, 의미도 없다. 하지만 문제는 우리가 존재한다는 것이며, 우리에겐 마음이 있다. 생각이 있다. 어쩌면 물리학자들은 행성이나 별, 또는 살아 있는 물질 없이 홀로 존재하는 수십억 개의 다른 우주들을 떠올릴 수도 있겠지만, 우리는 지금 우리가 살고 있는 이 평범한 우주와 우리의 존재를 소홀히 여겨서는 안 된다. 비록 내가 인간은 몸과 뇌가 물질적인 원자와 분자에 불과하다고 주장하긴 했지만, 우리는 의미를 지닌 우리만의 우주를 창조했다. 우리는 사회를 형성한다. 가치를 창조한다. 도시를 세우며, 과학과 예술을 만든다. 그리고 우리는 기록된 역사 내내 그렇게 해왔다.

'천억 개' 장에서 언급한 영국 철학자 콜린 맥긴의 말대로, 인간이 자신의 정신 밖으로 나가 그것에 대해 논할 수 없으므로, 그 누구도 의식이라는 현상을 이해할 수 없다. 우리는 탈출할 수 없는 뉴런의 네트워크 안에 갇혀 있으며, 그들이 겪는 신비한 경험을 분석하려고 노력한다.

그와 마찬가지로, 나는 우리가 의미를 갖고 있는 우리만의 우주에 갇혀 있다고 말하고 싶다. 우리는 의미가 없는 우주는 상상할 수 없다. 어떤 거창한 우주적 의미나 신성하고 끝이 없는 영원한 의미를 말하는 게 아니다. 그저 호수 면에 비친 빛의 장난이나 아이의 탄생과 같은 순간적이고도 일상적인 사건 속에 담긴 단순하고 특별한 의미를 말하는 것이다. 좋든 나쁘든, 의미는 우리가 세상에 존재하는 방법의 일부이다.

그리고 우리의 존재를 고려해 봤을 때, 우리 우주는 분명히 크고 작은 의미를 지닐 것이다. 나는 지구 너머 광활한 우주에 사는 다른 생명체를 한 번도 만나본 적이 없다. 하지만 그들 중에서 내가 정의한 의미의 지능을 가진 이가 아무도 없다면, 그건 정말 놀라울 것이다. 그리고 그들이 우리처럼 과학과 예술을 만들거나, 이 우주의 파노라마를 기록하려고 노력하지 않았다면, 그건 더욱 놀라운 일일 것이다. 우리 인간은 신비롭고 초월적인 활력론의 본질이 아닌, 살아

있음이라는 굉장히 불가능한 사실을 다른 이들과 공유하는
존재이다.

3장

무인에 관하여

우주적 생물중심주의

●

1970년, 저명한 이론물리학자 프리먼 다이슨Freeman Dyson은
대담한 과학적 상상력으로 엄청난 예측을 감행했다. 그것
은 극도로 먼 미래의 우주와 지적 생명체의 운명에 관한 것
이었다. 고작 수십만 년 후의 다음 빙하기 정도의 미래를 이
야기하고 있는 게 아니다. 심지어 태양이 팽창해서 '붉은 거
성'으로 변하고 지구를 소각할 수십억 년 후의 미래를 이야
기하는 것도 아니다. 그는 우주의 모든 별이 불타버리고 각
자의 항성계에서 내쫓긴 행성들이 우주를 떠돌던 다른 별과
우연히 만나게 될 수백만 년 하고도 수십억 년 후의 미래,
혹은 그 너머를 이야기하는 것이었다.

다소 놀랍게도 다이슨은 이런 글을 썼다. "생명체와 지
능의 영향력을 포함시키지 않고는[101] 우주의 먼 미래를 상

세히 계산하는 일은 불가능하다." 그러고 나서 그는 이 암울한 미래에 지적 생명체가 살아남을 수 있는 계획을 계속 설명한다. 살과 피로 된 육체로부터 의식과 기억을 떼어내 떠다니는 구름과 같은 대형 입자 구조로 이전시킴으로써 말이다. 이러한 '지적구조'들이 생존하기 위해서는 줄어드는 에너지 비축량을 조금씩 갉아먹는 활동 기간 사이에 긴 동면을 취해야 한다.

수학적 계산으로 가득한 다이슨의 이 논문은 「끝없는 시간: 열린 우주에서의 물리학과 생물학Time Without End: Physics and Biology in an Open Universe」이라는 제목으로 발표되었으며, 이 글에는 저자도 모르는 사색적인 면이 있었다. 최근 『최초의 3분The First Three Minutes』이라는 책을 출판한 또 다른 위대한 이론물리학자 스티븐 와인버그Steven Weingerg는 책의 군데군데에 다이슨의 말을 인용했다.[102] 그는 이 책에서 시간의 처음에 대해 다루며, 다이슨이 시간의 끝에 대해 하고 싶어 했던 말을 했다. "이것은 물리학에서 종종 있는 일이다.[103] 우리가 저지르는 실수는, 우리가 이론들을 너무 심각하게 여기는 것이 아니라, 충분히 심각하게 여기지 않는 것이다."

2020년 2월, 96세의 나이로 세상을 떠난 다이슨은 키가 작고 수줍음이 많은 엘프 같은 남자였다. 영국에서 작곡가 아버지와 변호사 어머니 사이에서 태어난 그는 어린 나이에 수학에 대한 높은 재능을 보여주었다. 그의 누나 앨리스는[104] 백과사전들과 종이 더미에 둘러싸여 수학 계산을 하고 있던 남동생의 모습을 기억했다. 제2차 세계 대전 당시, 다이슨은 왕립 공군 폭격 사령부에 채용되어 영국 공군 폭격기를 이상적으로 배치할 수 있도록 계산하는 일을 했다. 이후 그는 캠브리지에 있는 트리니티 컬리지에서 수학을 공부했지만, 박사학위를 따려는 노력은 하지 않았다. 1947년에 미국으로 온 다이슨은 몇 년 후, 그 유명한 프린스턴고등연구소Institute for Advanced Study에서 연구원으로 일하게 되었다. 수많은 과학자들은 다이슨이 양자물리학과 아인슈타인의 상대성이론 모두를 고려하여 빛과 물질의 상호작용을 설명한 업적으로, 1965년 노벨상을 공동으로 수상했어야 한다고 생각한다.

다이슨은 언제나 선구자적인 사람이었다. 1950년대 후반, 그는 우주선 꼬리 부분에서 일련의 원자폭탄을 폭발시킴으로써 우주선을 추진할 수 있다고 제안하며 오리온계획 Orion Project*을 이끌었다. 그로부터 몇 년이 지난 1960년에는 어떤 발전한 문명이 한 항성을 완전히 둘러싸는 구조물, 현

---

* 핵융합반응으로 우주선을 추진시키려는 미국 공군의 원자력 우주선 추진 계획. 1958년에 프로젝트가 시작되었지만 이후 부분적 핵실험 금지 조약이 체결된 1963년에 실패로 막을 내렸다.

재 다이슨 구Dyson sphere라고 불리는 거대구조물을 만들어 그 항성에서 나오는 빛을 모아 에너지로 활용하는 방법에 관해 설명했다. 다이슨 나무Dyson tree는 유전공학적으로 만들어진 가상의 식물로, 혜성 위의 넓은 공간에서 살고 있으며 인간이 그곳에서 오래 거주할 수 있는 환경을 제공해 준다.

무한한 미래에서 살아남은 지적 생명체가 지속해서 생존하는 방식에 관한 다이슨의 아이디어들은 '다이슨의 영원한 지능Dyson's eternal intelligence'이라는 이름으로 불렸다. 그가 남긴 수많은 미래지향적인 예측들과 마찬가지로 이 새로운 아이디어들 역시 과학계에서 논의되었으며, 흥미롭지만 논란을 일으키는, 쓸데없는 생각으로 여겨졌다. 그리고 과학 소설가들에게 채택되었다.

이같이 우주에 관해 깊은 생각을 하는 모습을 보면 어떤 질문 하나가 자연스럽게 떠오를 것이다. 그렇게까지 고찰하는 이유는 단지 지적인 즐거움을 위해서일까, 아니면 지금 21세기 지구상에 있는 우리 자신에 대해 뭔가 중요한 사실을 말해주기 위해서일까? 확실히 태양계의 중심에 있는 것은 지구가 아닌 태양이라는 코페르니쿠스Copernicus의 생각은 현시점에까지 심오한 철학적, 신학적 영향력을 가지고 있다. 또한 최근에 발견된 거주 가능한 외계행성들도 액체 상태의 물을 얻기 적당한 거리에 그 중심 항성을 두고 있다는 사실이 확인되었다.

다이슨의 영원한 지능은 그 이후로 20년간 다양한 관심을 받으며 우리에게 스며들었다. 그러던 1998년, 새로운 과학적 발견이 모든 것을 뒤흔들었다. 지난 반세기 동안 믿어온 대로 그리고 다이슨이 계산했던 대로, 우주가 느린 속도로 팽창하는 것이 아니라는 사실을 천문학자들이 밝혀낸 것이다. 오히려 우주는 빠른 속도로 *가속하며* 팽창하고 있었다. 즉, 은하들은 시간이 지남에 따라 기하급수적으로 증가하는 속도로 빠르게 멀어지고 있었던 것이다. 그로 인해 우리는 불과 1,000억 년 안에, 우리 지구와 우리 은하계가 마치 블랙홀에 떨어지듯 우주의 다른 부분으로부터 영원히 떨어져 나가게 될 거라는 결론에 이르게 되었다. 그때가 되면 우주 저쪽에서 발산되는 빛이나 에너지 그 어느 것도 우리에게 도달하지 못한다. (우리 태양은 그보다 훨씬 전인 지금으로부터 약 100억 년 후에 다 타버릴 것이다.) 그리고 우리는 어떤 제한적인 크기의 감옥 속에 갇히게 된다. 지구의 기준에서는 넉넉하겠지만, 우주적 관점에서는 작은 공간이다.

이러한 사실은 다이슨의 지적 구조intelligent structures가 계속해서 자라나 더욱 거대해지는 무한한 공간에 쌓이는 일을 막아주었다. 밤하늘은 완벽하게 어두워질 것이고, 우주는 점점 더 추워지며, 남아 있는 가용 에너지는 서서히 줄어들다가 완전히 없어질 것이다.

그 후의 어느 시점에, 아마도 몇천억 년 후에, 모든 생명의 종말의 순간이 올 것이다. 여기서 생명이란 우리와 같은 인간이나 다이슨이 말한 '지적 구조'로 구현된 생명체들뿐만 아니라 다른 모든 형태의 생명을 포함한다. 그 진정한 종말은 우리가 있는 우주 영역에서뿐만 아니라 우주 전체에서 일어날 것이다. 우주는 영원히, 무한한 시간 동안 계속해서 휘청대겠지만, '생명의 시대'는 지나갔으리라. 이러한 결론과 그 결론이 가진 함축적 의미를 통해, 나는 다이슨의 영원한 지능이 훨씬 더 심오한 의미를 지닐 수 있다고 생각한다.

앞 장에서는 물질적인 측면에서 본 생명의 희귀성에 관한 이야기를 해보았다. 그러나 이 희귀성을 생명의 시대라는 측면에서 고찰해 보기 위해서는 우선 우주의 거대한 공간과 시간의 어떤 개념을 이해할 필요가 있다. 일상에서는 우주 안에서의 우리의 위치를 느낄 일이 거의 없지만, 일식이 일어날 때는 약간 느낄 수 있다. 다른 수많은 미국인과 마찬가지로 나도 2017년 8월에 일어났던 일식을 목격했다. 딸아이와 사위 그리고 두 손주가 나와 아내가 지내던 메인주의 해안가로 방문했을 때였는데, 그곳은 일식을 관람하기에 완벽한 위치는 아니었지만 그래도 계산상 일식의 58퍼센트 정도는 볼 수 있는 곳이었다.

현상이 일어나기 이틀 전, 우리는 제대로 된 장비가 없다는 걸 깨닫고 이리저리 전화를 걸어 일식용 선글라스를 알아보기 시작했다. 주변 상점에서는 모두 동난 상태였다. 결국 아내가 자동차로 한 시간 반 정도 떨어진, 메인주 차이나라는 마을의 작은 도서관을 알아냈다. 선글라스가 충분히 있는 곳이었다. 아내는 도서관 직원과 통화를 했고, 그 여성은 곧 도서관 문을 닫을 시간이니 일식용 선글라스를 '필요한 만큼만 가져가세요'라는 표지와 함께 도서관 앞에 놓겠다고 말했다. 아내가 선글라스를 가지러 갔다.

그러던 중, 우리 네 살배기 손녀는 뭔가 중요한 일이 있다는 것을 눈치채고는 나에게 일식에 관해 설명해 달라고 했다. 나는 과일 몇 개를 꺼내어 각각 지구, 달, 태양으로 가정하고 손녀의 앞에다 달이 태양을 가리도록 배열해 놓았다. 그러자 손녀가 물었다. "컴퓨터로 보여줄 수 있어요?"

과일로 보여주는 시연이나 컴퓨터 시뮬레이션, 선글라스를 통해 직접 보는 일식으로 만족하지 못한 우리 사위는 과일 체를 꺼내어 갑판 위에다 초승달 모양의 태양 100개를 투영해 보았다.*

---

* 바늘구멍 사진기의 원리를 이용한 관측법.

일식이 진행되는 동안, 빛이 희미해지면서 우리 주변에 있는 동물들이 이상하게 행동하기 시작했다. 새들이 꽥꽥거리는 소리가 정상이 아닌 듯했다. 다람쥐들은 부자연스러운 모습으로 뛰어다녔다. 적어도 우리에겐 그렇게 보였다. 우리 정원에 심어놓은 부추밭을 맴돌던 제왕나비들도 무아지경에 빠진 듯 빠르게 날아다녔다. 일식이 시작된 지 30분 후, 충분히 만족한 우리는 선글라스와 과일 체를 내려놓고 남은 일과를 잘 보냈다.

하지만 우리에게도 뭔가 심오한 일이 벌어졌다. 그 짧은 시간, 우리는 우주 안에 있는 우리 자신을 인식하게 되었다. 달이 지구를 도는 거대한 둥근 공이며, 지구는 자전축 위에서 회전하며 태양을 돌고 있는 또 다른 공이라는 사물의 우주적 본질을 인지했다. 그리고 우주의 광활함을 느꼈다. 우리가 알든 모르든, 엄청난 일들이 저기 밖에서 일어나고 있었다.

손녀는 내게 태양이 얼마나 멀리 있는지 물었다. 그것은 사과와 오렌지로는 답할 수 없는 질문이었다. 그러나 만약 네가 시속 200마일(약 320킬로미터)의 고속열차를 타고 태양까지 간다면, 50년 정도 걸릴 거라고 말해주었다. 그녀가 고개를 끄덕였다.

같은 열차를 타고 태양 너머에 있는 가장 가까운 항성까지 도달하는 데는 약 1,500만 년이 걸릴 것이다. 아이작 뉴턴은 참나무 담즙 잉크에 깃펜을 담가 자신의 가느다란 글씨체로 종이 위를 휘갈기며 그 거리를 처음 계산해 냈다. (뉴턴처럼 비범한 사람만이 그런 계산을 최초로 해놓고도 다른 업적에 가려 눈에 띄지 않게 만들 수 있을 것이다.)

그는 만약 별이 우리 태양과 유사하다고 가정한다면, 우리 태양이 얼마나 멀리 있어야 근처에 있는 별들처럼 희미하게 보일 수 있을지 궁금해했다. 이러한 계산에서 관건은 태양의 밝기를 다른 항성의 밝기와 어떻게 비교하느냐 하는 것이지만, 17세기 중반은 뉴턴이 전기적 광전지photocell를 사용할 수 있는 시기가 아니었다. 하지만 그는 일 년 중 특정 시기에 토성이 다른 밝은 별만큼이나 밝게 보인다는 사실을 알고 있었다. 태양의 반사광 때문이었다. 그래서 토성이 가로채는 태양 빛의 비율을 계산한 뉴턴은 그만의 답을 얻을 수 있었다. 가장 가까운 별까지 약 300조 마일(약 480조 킬로미터)이라는 것이었다. 「항성의 거리에 관하여」라는 제목이 붙은 이 계산은 그의 걸작, 『프린키피아Principia』에서 단 한 페이지만을 차지했다.

그토록 엄청난 거리, 심지어 그보다 더 먼 거리를 다루기

---

* 빛을 받으면 전류가 흐르는 장치로, 항성의 밝기를 측정하는 데 사용함.

위해, 천문학자들은 빛이 1년간 이동할 수 있는 거리인 광년이라는 거리 단위를 사용하며, 실제로 가장 가까운 별인 알파 센타우리라는 항성은 지구에서 5광년 정도 떨어져 있다. 다시 말해, 그 별에서 방출된 빛이 초속 186,000마일[*]로 우주를 여행한다면 지구에 도달하기까지 5년이 걸린다는 뜻이다.

뉴턴이 추정했던 이 거리는 인류 역사상 상상해 왔던 그 어떤 거리보다 훨씬 멀었다. 지구의 둘레나 심지어 태양까지의 거리(고대 그리스 학자들이 계산했던 것)보다 더 엄청나게 먼 거리였다. 신시내티에 있는 개미집의 개미들이 샌프란시스코까지의 거리를 상상하는 것과 같았다.

하지만 천문학적으로 이것은 시작에 불과하다. 어둡고 맑은 밤하늘을 올려다보면, 머리 위로 아름다운 하얀 띠가 보인다. 우리 은하인 은하수로, 약 천억 개의 별들이 무리를 지은 것이다. 그 크기를 어떻게 측정할 수 있을까? 뉴턴 이후로 250년간 아무도 그 방법을 몰랐다. 그러다가 1912년, 준청각장애를 갖고 있던 하버드천문대의 헨리에타 레빗 Henrietta Leavitt이 별까지의 거리를 측정하는 완전히 새로운 방법을 고안했다.

---

[*] 빛의 속도, 초속 약 30만 킬로미터.

항성 중에는 밝기가 진동하며 변하는 세페이드 변광성 Cepheid variable이라는 별들이 있었는데, 그 밝기의 변화하는 주기가 별의 고유 광도luminosity(와트 단위)와 밀접한 관련이 있음을 발견한 것이다. 별이 밝을수록 주기가 더 길다. 그리고 이러한 별의 주기 시간을 측정하면 별의 고유 광도를 알 수 있다. 별의 고유 광도와 그 별이 하늘에서 밝게 보이는 정도를 비교하면, 자동차 헤드라이트의 와트를 알면 자동차와의 거리를 측정할 수 있듯이 그 별의 거리도 유추할 수 있다. 세페이드 변광성은 우주 전역에 흩어져 있으며, 편리하게도 우주 고속도로의 표지판 역할을 한다. 그러나 헨리에타 레빗은, 언제나 '미스 레빗'으로 불렸던 그녀는 살아 있는 동안에는 명예도 인정도 거의 얻지 못했으며 천문학계와 그 바깥세상에도 그다지 알려지지 않았다.

1920년대, 천문학자들은 레빗의 결과를 이용해 현재 우리가 알고 있는 우리 은하의 흰색 띠가 10만 광년의 길이임을 측정할 수 있었다. 그 당시는 다른 천문학적 현상에 대한 논쟁이 일던 때였다. 망원경을 통해 보이는 희미하고 흐릿한 얼룩이 우리 은하수의 일부인가, 아니면 다른 것인가 하는 문제였다. 그리고 에드윈 허블은 이 얼룩에서 발견된 세페이드 변광성들을 통해 이들 중 상당수가 별도의 전체 은하라는 사실을 밝혀냈다. 그중 가장 가까운 대형 은하인 안드로메다는 2백만 광년 떨어져 있었다. 그리고 각 은하는 평균적으로 가장 가까운 이웃 은하로부터 10개에서 20개에 해당하는 은하의 직경 거리만큼 멀리 떨어져 있다.

이토록 깊은 우주의 모습은, 넘쳐나는 은하들 가운데 한 은하의 외곽에 위치한 어떤 행성에서 키가 대략 2미터 정도인 생명체들이 우주를 곰곰이 생각하며 구상한 것이다. 1926년 1월 22일, <뉴욕타임즈>는 「천문학자가 본 또 다른 우주」라는 제목으로 허블의 발견에 대한 간략하고 밋밋한 문체의 기사를 실었다.

> 수년간, 천문학자들은 하늘에 있는 다양한 형태의 성운이 이 우주에 속하는지, 아니면 측정하지 못할 만큼 멀리 떨어진 그들만의 우주 '섬'들인지에 대해 추측해 왔다. (…) 오늘 시카고대학이 <천체물리학 저널>에 발표한 논문에서, 에드윈 허블 박사는 또 다른 우주가 실제로 존재한다는 증거를 제시했다. 그는 비록 이 외부 은하가 완전히 지구의 은하계 밖, 70만 광년 떨어진 거리[실제값보다 짧게 측정되었지만, 여전히 우리 은하의 길이보단 긴 거리]에 있지만, 우리 은하와 유사한 점이 많다는 것을 발견했다.

우리 인류는 매우 긴 시간에 대해 상상하는 일을 잘했다. 고대 힌두교에서는 신족인 데바의 수명을 1만 데바년Deva year 이라고 여겼는데, 1데바년은 약 360년으로, 총 4백만 년을 의미했다. 우주의 창조신인 브라흐마의 하룻낮*은 데바의 생애가 천 번 반복되는 시간으로, 약 40억 년으로 추정되었다. 그 오랜 기간의 시간 단위는 겁劫, kalpa이라고 불렸다. 명백하게도, 이렇게 연속적으로 긴 시간의 단위는 물리적 세계에 대한 어떤 지식 없이도 이전의 시간 단위에 10의 몇 가지 요소를 곱함으로써 간단하게 만들어졌다.

힌두교도들은 우주가 순환한다고 믿었다. 전 우주의 수명 주기는 브라흐마의 생애로 100년이라고 생각했으며, 계산상 약 3백조 년에 해당한다. 우연하게도, 이 시간은 모든 별이 다 타버릴 때까지 걸리는 시간이다.

불교에서도 우주 시간의 단위로 겁을 사용했지만, 부처는 겁의 길이를 인간의 시간 단위에 대입하는 일을 반대했다. 하지만 생생한 예시를 남겨주었다. 높이와 폭이 각각 16마일(약 25킬로미터)인 매우 큰 산이 있다고 가정해 보자. 이 산을 백 년에 한 번씩 비단으로 쓸면,[105] 한 겁이 끝나기도 전에 산이 완전히 닳아 없어진다고 한다. (아직 검증되지는 않았다.)

---

* 힌두교에 따르면 브라흐마가 하룻낮에 43억 2천만 년 동안 지속하는 우주를 창조했다고 한다. 즉 한 겁이 브라흐마의 하룻낮이고 그 하룻밤도 같은 기간이라고 한다. 즉 86억 4천만 년을 브라흐마의 낮과 밤이라고 봤을 때, 브라흐마의 생애로 한 달은 2,592억 년이고, 일 년은 약 3조 년이다.

1920년대에 처음으로 꽤 과학적이고 정확하게 계산된 긴 시간이 측정되었다. 지질학자들이 우라늄과 다른 방사성 원소의 분열 속도를 이용해 지구의 나이가 수십억 살에 이른다고 추정한 것이다. 그리고 1930년대와 1940년대에는 우리 태양을 포함한 모든 별이 그 중심에서 일어나는 핵융합으로 힘을 얻는다는 것을 깨달으면서 천문학자와 물리학자들은 우리 태양의 나이가 약 50억 년이라고 추정했다.

1929년, 에드윈 허블은 캘리포니아 윌슨 산의 거대한 망원경으로 얻은 데이터를 분석하면서, 우주가 팽창하고 있다는 증거를 발견했다. 아마도 역사상 가장 중요한 우주적 발견일 것이다. 빅뱅 모델과 최근의 우주 관측 정보에 의하면, 우주는 영원히 계속 팽창하면서, 점점 더 차가워지고, 묽어진다. 다이슨은 이러한 맥락에서 생명체들이 먼 미래에, 어쩌면 영원토록 살아남을 방법에 대해 고민한 것이었다.

이제 우리는 우주와 시간 안에서 생명의 희귀성을 다시 생각해 봐야 할 지점에 도달했다. 지구 너머에 있는 생명체의 존재를 처음으로 예측한 사람 중 한 명은 초기 로마의 시인 루크레티우스였다 (기원전 50년경). 그의 위대한 작품『사물의 본성에 관하여』에서, 그는 신들의 초자연적인 힘에 대항하고자 우주를 순수 유물론적으로 보는 견해를 지지했다.

책에서 그는 이렇게 말했다. "이 지구와 하늘이 유일한 창조물일 가능성은 극히 낮다.[106] (…) 우주의 그 어떤 것도 탄생과 성장에 있어서 유일하고, 독특하고, 외로운 것은 없다. (…) 그러므로 우리는 다양한 종족의 인간과 다양한 품종의 동물들이 존재하는 또 다른 지구가 어딘가에 존재한다는 것을 인정해야만 한다."

지난 장에서 이야기했듯, '거주 가능한' 행성을 찾기 위해 고안된 케플러 위성의 최근 관측 결과를 바탕으로, 우리는 우주 전체에서 살아 있는 형태의 물질의 비율이 100경분의 1 미만이라는 사실을 추정할 수 있었다. 우주에서 생명은 실로 희귀한 존재다.

우주가 점점 더 빠른 속도로 팽창한다는 사실은 생명을 시간적으로도 희귀하게 만든다. 즉, 긴 우주의 역사에서 생명이 존재하는 시간은 짧은 기간뿐인 것이다. 물론 '짧다'는 것은 상대적인 개념이다. 생명체를 비롯해 모든 복잡한 구조체들은 탄소, 산소, 질소와 같이 다른 원소에 비해 큰 원자를 필요로 한다. (언젠가는 살아 있는 존재로 여겨질 수도 있는 컴퓨터도 실리콘 형태의 무거운 원소가 필요하다.) 가장 작은 원자인 수소와 헬륨은 다양한 것을 만들 수 있는 구조적 요소가 충분하지 않다.

우리는 비교적 큰 원자들이 별의 핵융합반응에서 만들

어졌다는 증거를 다수 확보했다. 최초의 별들은 우주가 약 10억 년이 될 때까지 형성되지 못했는데, 이는 거대한 가스 구름이 느리게 응축하고 수축하는 과정이 필요했기 때문이다. 따라서 '생명의 시대'는 빅뱅 이후 약 10억 년 후에 시작되었다. 다른 한쪽 끝에는, 앞서 이야기한 바와 같이 약 1조 년의 시간이 흐른 후에는, 우주에 생명체가 존재하지 않을 것이다.

우리는 어떻게 생명의 시대라는, 10억 년에서 1조 년에 이르는 범위를 생각할 수 있을까? 이렇게 큰 숫자와 그 범위를 다룰 때는 10의 거듭제곱으로 생각하는 것이 가장 유용하다. 그래서 여기, 10억과 1조 사이에는 10의 3제곱이 있다. 이 시간의 범위를 무엇과 비교하면 좋을까? 이것을 무한히 팽창하는 우주의 시간인 무한대와 비교할 수는 없다. 무한대와 비교할 수 있는 숫자는 없다. 반면에, 어떤 최후의 질적인 변화가 일어날 거라고 믿는 가장 긴 범위의 시간과는 비교해 볼 수 있다. 그것은 아주 먼 미래 언젠가, 생명의 시대가 지나고도 한참 후에 발생할 '양성자 붕괴proton decay'라는 과정이다. 양성자 붕괴의 시대는 지금으로부터 약 10구 (10^{33}) 년 후쯤일 것으로 추정된다. 그 먼 시간 이후로 우주는 더는 상상 가능한 변화 없이 헛돌기만 하다가 사라져버릴 것이다.

우리가 제대로 이해하는 우주의 *가장 처음* 시기는 빅뱅 이후 약 100정분의 1(10^{-42})초로, '무와 무한 사이' 장에서 이야기한 플랑크 시기*의 10배 정도이다. 또한 우주를 이해하기 시작한 가장 빠른 순간부터 모든 물질이 분해되는 이해의 마지막 순간까지의 범위는 약 10의 82제곱이다. 요약하자면, 진화하는 우주의 생애는 과학자들의 계산에 따라 10의 82제곱만큼 지속하는 반면, 생명의 시대는 10의 3제곱 정도에 불과하다.

분명하게도, 우리 우주에서 생명의 삶은 일시적이며, 우주에서 전개되는 광활한 시공간 속 찰나의 순간일 뿐이다. 그러한 사실을 만드는 우리는 어떤 존재인가? 생명의 희소성에 대한 깨달음은 필자로 하여금 다른 생물들과 이루 말할 수 없는 연결고리를 느끼게 해준다. 대부분은 지적인 연결고리겠지만, 그게 전부는 아니다. 그것은 사막의 몇 알 되지 않는 모래 알갱이로서의 연대감이자, 광대하게 뻗어 나가는 우주의 시간 속에서 비교적 짧은 생명의 시대를 함께 살아가고 있다는 동질감이다.

비록 내가 지구 너머의 다른 생명체와 접촉하거나 알고

---

* 빅뱅 후 플랑크 시간(광자가 빛의 속도로 플랑크 길이를 이동하는 데 걸리는 시간, 10^{-44}초)이 흐르는 동안으로 물리학은 플랑크 시기의 우주를 설명하거나 예측하지 못한다.

지내지는 못하겠지만, 나는 희귀하고 특별한 무언가의 일부이며, 이 길을 다시 지나갈 수 없는 존재다. 거의 확실하게도, 무한한 우주 어딘가에는 우리 같은 천문학자와 물리학자, 생물학자(그리고 화가와 작가)가 있으며, 우리와 같은 결론에 도달한 다른 존재들이 살고 있을 것이다. 아마 단 한마디도 주고받지 못하겠지만, 우리는 모두 우리 존재의 희귀성과 서로가 이어져 있다는 연결성을 깨닫게 되었다. 지난 장에서 언급했듯, 우리는 우주를 관측하는 '동료'라는 점에서 연결되어 있다. 그러나 단순히 시간과 우주 속의 희귀한 존재라는 점에서도 연결되어 있다. 제대로 이해하기엔 너무 거대한 생각일 수도 있지만, 우리 몸의 원자들이 별에서 만들어졌다는, 과학계에서 만장일치로 찬성한 이 지식 또한 이해하기 너무 어려운 개념인 것은 마찬가지다.

20세기 초, 독일 접경 지역인 알자스주에서 태어난 철학자이자 의사, 사상가였던 알베르트 슈바이처Albert Schweitzer는 'Ehrfurcht vor dem Leben', 번역하자면 '생명에의 외경Reverence for Life[107]'이라는 사상을 도입했다. 슈바이처의 자서전을 보면 다음과 같은 내용이 나온다. 1915년의 어느 날, 당시 40세였던 슈바이처는 아프리카의 강을 여행하던 중 열대 숲을 배경으로 태양 빛이 수면 위에서 반짝이는 모습과 하마 무리가 강둑에서 뒹구는 모습을 한 번에 목격했다. 그 순간, '생명에의 외경'을 느꼈다고 한다. 이후에 그는 이런 글을 썼다. "나의 삶은[108] 살고자 하는 다른 이의 삶 가운데서 살고자 하는 삶이다."

슈바이처의 '생명에의 외경' 사상은 좀 더 최근에 형성된 '생물중심주의biocentrism'라는 사상의 밑바탕이 되었다. 이 생물중심주의는 인간의 윤리적 가치와 연대감을 모든 생물 전체로 확장한 철학적 견해다. 이 견해는 명백히 인간 중심적인 관점과는 거리가 멀다. 이러한 가치관은 새로운 것이 아니며, 불교를 포함해서 고대 종교나 철학에서도 발견할 수 있다. 현대에 와서는 생물 다양성과 환경 보호, 동물권animal rights을 지지하는 사람들에 의해 생물중심주의 개념이 제기되었다.

케플러 위성이 지난 5년 동안 발견한 정보로 인해, 우주 어딘가에 생명체가 존재한다는 것이 거의 확실시 되었다. (생명체가 살 수 있는 행성들의 숫자가 상상할 수 없을 만큼 많다는 것을 고려하면, 지구 너머에 생명체가 없다는 말은 백만 개의 건조한 숲에 불이 날 확률이 없다는 말과 같다.) 케플러 위성의 발견에 우리가 다룬 시간과 우주 속 생명의 희귀성을 더하면, 내가 '우주적 생물중심주의'라고 부르는 개념에 도달하게 된다. 말인즉슨, 생명의 희귀성과 고귀함이 우주의 모든 생명체에 동류의식을 부여한다는 의미다.

나는 다른 생명체들이 어떤 종류의 생각이나 가치관, 원칙을 갖고 사는지 알지 못한다. 그러나 우리는 각자가 발견한 것들을 이 우주의 광활한 복도 위에서 함께 공유할 수 있을 것이다. 그렇다면 우리는 정확히 무엇을 공유하게 될까? 그것은 '생명'의 일반적인 특성들일 것이 분명하다. 우리 자신과 주변을 구분하는 능력이나 에너지 자원을 활용하고, 성장하고, 번식하며, 진화하는 방법들 말이다.

　　그러나 나는 우리가 '의식'하는 존재로서, 비교적 짧은 순간인 '생명의 시대'를 살아가는 동안, 그들과 좀 더 고차원적인 무언가를 나눌 수 있으리라 본다. 이를테면, 어떤 광경을 목격하고 사색하는 능력일 수도 있다. 우리에게 신비롭고, 즐겁고, 슬프고, 떨리는 감정과, 장엄하고, 혼란스럽고, 웃기고, 포근하고, 예측 불가능하면서도 예측 가능한 느낌, 황홀하고, 아름답고, 잔인하고, 신성하고, 파괴적이고, 짜릿한 감정을 한꺼번에 느끼게 해주는 그런 광경 말이다. 우주는 우리가 모두 사라져버린 뒤, 아무도 지켜보지 않아도 차가운 그 상태로 영원히 지속될 것이다. 하지만 10을 몇 제곱한 얼마 안 되는 시간 동안, 우리가 있었다. 우리가 보았고, 느꼈으며, 살아 있었다.

무한을 아는 사람

●

호르헤 루이스 보르헤스Jorge Luis Borges*의 소설 『모래의 책The Book of Sand』을 보면, 의문의 불청객이 화자의 문을 두드린 후, 인도의 한 작은 마을에서 얻었다는 성경책 한 권을 사지 않겠느냐고 제안한다. 그 책에는 많은 이들의 손을 탄 흔적이 있었다. 이 행상인이 말하길, 이것은 글을 읽지 못하는 한 농부에게서 받은 책인데, 농부가 '이 책은 모래처럼 시작도 끝도 없으므로', 모래의 책이라고 부른다고 했다고 이야기해 준다.

화자가 책을 펼쳐보는데, 책의 상태는 구겨지고 형편없

---

* 아르헨티나의 소설가이자 시인. 뛰어난 상상력이 담긴 신소설로 20세기 후반 문학계에 큰 영향을 끼쳤다는 평을 받았다.

으며, 각 페이지 위쪽 구석에는 예측할 수 없는 아랍 숫자가 적혀 있었다. 행상인이 화자에게 책의 첫 페이지로 가보라고 권했지만, 그건 불가능했다. 아무리 첫 페이지에 가까워져도, 그가 넘기는 페이지와 표지 사이에는 항상 몇 장이 남아 있었다. '페이지들이 책에서 자라나는 것 같았다.'

그러고 나서 행상인이 화자에게 책의 마지막 장으로 가보라고 권했다. 그러나 마지막 페이지를 찾는 데도 실패한 화자가 이렇게 말했다. "불가능합니다. 이 책은, 이 책의 페이지 숫자들은 진짜로 무한이에요. 첫 페이지도 없고, 마지막 페이지도 없어요." 그 말을 들은 불청객은 잠시 후에 이렇게 말한다. "만약 우주가 무한이라면, 우리는 공간 모든 곳에, 어디에나 존재할 수 있습니다. 만일 시간이 무한이라면, 우리는 모든 시간 속에 있는 것입니다." (예리한 독자를 위한 주석: 우리는 모든 시간 속에 있을 수 없다. 앞 장에서 이야기한 대로, 우리의 삶은 우주 역사상 비교적 짧은 기간만 존재할 뿐이다.)

지난 천 년 동안 우리 인류는 무한에 대한 생각에 감탄하기도 하고, 당황하기도 했다. 수학자들에게 무한은 1로 수렴하는 분수들과 놀 수 있는 지적인 놀이터다. 천문학자들에게는 과연 우주가 계속해서 무한히 펼쳐져 있는가가 고민거리다. 만약 그렇다면, 우주학자들이 현재 믿고 있듯이 우리를 불안하게 만드는 결과가 많다. 그중 하나는 저 우주 어딘가에 또 다른 우리가 무한히 많이 존재해야 한다는 것이다. 왜냐하면, 우리 개인이 원자의 특정한 배열로 생성된 것처럼 가능성이 아무리 희박하다 하더라도, 그것을 무한한 수만큼 시행한다면 그 자체가 무한히 반복될 것이기 때문이다. 무한대는 어느 숫자에 곱해도 (0 제외) 무한대다.

무한을 측정하는 일은 불가능하다. 적어도, 크기에 관한 일반적인 개념으로는 말이다. 우리가 무한을 반으로 가른다면, 각각의 반절 또한 무한이다. 만약 어느 지친 여행자가[109] 여러분이 운영하는 무한한 규모의 예약이 꽉 찬 호텔에 들어왔다면, 걱정하지 않아도 된다. 그저 1번 방에 있는 손님을 2번 방으로 보내고, 2번 방에 있는 손님을 3번 방으로, 그런 식으로 무한히 옆 방으로 보내기만 하면 된다. 그러면 이전의 손님들을 모두 호텔에 재우면서도 1번 방을 새로운 여행객을 위해 비울 수 있다. 무한한 규모의 호텔에는 언제나 방이 있다.

무한으로 게임도 할 수 있지만, 무한을 *시각화*할 수는 없다. 반면에 하늘을 나는 말의 모습은 시각화할 수 있다. 우리는 말도 본 적이 있고 새도 본 적이 있으므로, 상상을 통해 말에 날개를 달아 날려 보낼 수 있다. 하지만 무한은 그렇지 않다. 무한을 시각화할 수 없다는 사실 또한 무한의 신비로운 부분이다.

무한이라는 개념이 처음으로 기록된 것은 기원전 600년 경으로,[110] '한계가 없는' 또는 '무한'을 뜻하는 개념인 *아페이론apeiron*을 만들고 사용한 그리스 철학자 아낙시만드로스Anaximander로부터 시작되었다. 아낙시만드로스는 무한 그 자체는 물질적인 것이 아니지만, 지구와 하늘은 모두 무한에 의해 생성된 물질이라고 생각했다. 당시 고대 그리스 철학자들은 무한이나 헤아릴 수 없는 것들을 제외하고 모든 물질은 측정할 수 있어야 하며, 측정할 수 없는 것은 결점이라고 간주했다. 그래서 무한을 부정적으로, 심지어 악으로 보았다.

그와 비슷한 시기에 중국인들은 '다됨이 없다'라는 의미의 무진無盡[111]과 '다함이 없다'이라는 뜻의 무궁無窮을 사용했으며, 무한은 무과 굉장히 가깝다고 믿었다. (무와 무한에 관한 파스칼의 흥미로운 생각을 '무와 무한 사이' 장에서 다루었다.) 중국인들에게 존재와 비존재는 음과 양처럼 서로 조화를 이룬다. 그래서 무와 무한도 연결되어 있는 것이다.

그로부터 수 세기 후, 아리스토텔레스가 무한은[112] 실제로 존재하는 게 아니라고 주장했다. 대신 그는 '전체 수'처럼 *잠재적인 무한*이라는 개념은 인정했다. 어떤 수든지, 우리는 1을 더함으로서 그보다 더 큰 수를 만들 수 있다. 체력이다 할 때까지 이 과정을 계속할 수 있겠지만, 절대로 무한에 다다를 수는 없다.

무한의 흥미로운 특성 중 하나는 절대로 여기서 거기까지 갈 수 없다는 점이다. 무한은 단순히 유한한 무언가에 더하고 더한 개념이 아니다. 비록, 무한의 일부 조각이 큰 수나 커다란 규모의 공간과 같은 유한적인 개념과 비슷해 보일지라도, 무한의 성질은 완전히 다르다. 무한은 무한 그 자체다. 우리가 보고 경험하는 것들은 모두 한계와 끝이 있고 명백하다. 하지만 무한은 그렇지 않다. 이와 같은 이유로, 성 오거스틴과 스피노자, 그 외에 여러 신학자가 무한을 신에게 연관시킨 것이다. 신의 끝없는 능력, 신의 한없는 지식, 신의 무궁무진함으로 말이다. 성 토마스 아퀴나스St. Thomas Aquinas는 이렇게 말했다. "신은 무궁하고 무한하므로,[113] 만물 안에 거하며 어디에나 존재한다."

비물질적인 세계의 종교적인 영역을 넘어, 물리학자들 또한 *물질적인 세계*에도 무한한 무언가가 존재할 거라고 생각한다. 하지만 이 생각은 절대로 증명할 수 없다. 여기서 거기로 갈 수 없기 때문이다.

우리 대부분은 어릴 적 처음으로 밤하늘을 올려다보면서, 무한과 같은 기분을 최초로 경험한다. 혹은 육지가 보이지 않는 곳에서 바다를 바라보며, 수평선과 맞닿는 곳까지 끝없이 펼쳐진 그 모습에서 무한을 느낀다. 하지만 그것은 아리스토텔레스의 잠재적인 무한처럼 그저 느낌에 불과하다. 우리는 압도당할 만큼 강렬한 기분을 느끼지만, 그것에 가까이 다가갈 수는 없다.

무한이라는 개념은 오늘날 각종 논란과 역설적인 문제들을 일으키며, 국제적이고 학문적인 논쟁거리들을 생산하고 있다. 물리적인 힘도 무한할 수 있을까? 물리적인 공간이 은하 너머로 무한히 확장될 수 있을까? 셀 수 있는 숫자의 무한과 모든 숫자의 무한, 그 사이에도 무한이 있을까?

2013년 5월, 과학자와 수학자들이 무한을 둘러싼 심오한 난제들을 논의하기 위해 뉴욕에 모였다. 그곳에서 버클리에 있는 캘리포니아대학교의 수학자, 윌리엄 휴 우딘William Hugh Woodin이 이렇게 말했다. "뭐랄까, 수학은 안전한 섬 위에서[114] 사는 것과 같습니다. 우리가 튼튼하게 기초를 다져 만든 섬이지요. 그런데 저 멀리에 거친 황무지와 같은 육지가 있습니다. 그게 바로 무한입니다."

지구라는 행성에 사는 사람 중 공간적인 무한성에 관해 가장 넓은 개념을 생각해 낸 사람은 아마 스탠퍼드대학교의 이론물리학자 안드레이 린데일 것이다. 그는 오직 펜과 종이만 가지고 연구한다. 올해로 72세인 안드레이 교수는 모스크바에서 나고 자랐으며, 레베데프 물리 연구소Lebedev Physical Institue에서 박사학위를 받았다. 그의 부모 모두 물리학자였고, 결혼도 물리학자인 레나타 칼로시Renata Kallosh와 했다. (그녀 또한 스탠포드대학교 교수이다.) 1990년, 린데와 칼로시는 현재의 교직을 얻은 미국으로 거처를 옮겼다.

1980년대 초, 린데는[115] 우주의 기원에 대한 급진적인 이론을 제안했다. 이 이론은 1927년의 빅뱅 이론을 수정했던 MIT의 물리학자 앨런 구스의 1981년 이론을 다시 한번 수정한 것으로,[116] '영원한 혼돈 급팽창eternal chaotic inflation'으로 불린다. 이 이론은 빅뱅 직후에 우리 우주가 빅뱅 표준 모델에서의 속도보다 훨씬, 굉장히 빠른 속도로 팽창했다고 가정한다. 이후 1초도 안 되는 매우 짧은 시간 동안, 원자 크기보다 작았던 우주 공간이 현재 우리가 볼 수 있는 물질과 에너지를 모두 포괄할 수 있을 만큼 큰 크기로 '부풀었다'. 여기까지의 급팽창 이론은 구스의 논문에서 명백히 서술되었다. 그러나 린데의 이론은 그보다 더 나아간다. 그는 논문을 통해 우리 우주가 수없이 많은 우주 가운데 하나이며, 각 우주는 영원한 미래로 뻗어 나가는 무한한 우주 창조의 사슬 속에서 무작위로 끊임없이 새로운 우주를 만들어내고 있다고 주장했다. 그중에서 우리 우주를 포함한 일부 우주들은 그 크기가 무한해야만 할 것이다. 우리가 사는 이 특정한 우주

의 경우, 매우 빠르게 급팽창하는 시기는 우주 나이가 0.00
00000000000000000000000000000001초였을 때 이미 완
성되고 끝이 났다.

이러한 추측은 어쩌면 공상과학 소설 같은 이야기로 치
부하기 쉽다. 그러나 과학자들이 해왔던 기막힌 추측들이 현
실을 장악한 경우가 종종 있다. 인간이 살아 있는 유기체를
탄생시키는 미세한 화학 암호를 해독하게 될 것을, 또는 작
은 상자를 이용해 먼 공간을 가로질러 영상과 목소리로 대화
하게 되리란 걸 200년 전 그 누가 상상이나 했을까? 린데가
한 추측들은 심도 있는 공식으로 뒷받침되고 있으며, 구스-
린데의 급팽창 이론inflation theory에 나오는 수많은 중요한 예측
들이 (무한의 존재는 제외하고) 실험을 통해 확인되었다.

과학계에서 린데는 일류 물리학자로 널리 평가받고 있
으며, 노벨상을 제외한 수많은 주요 물리학상을 수상했다.
그중 몇 가지를 나열해 보자면, 이탈리아 트리에스테의 국
제이론물리센터에서 수여하는 디랙 메달(앨런 구스, 폴 스타
인하트와 공동 수상), 그루버우주론상(앨런 구스와 공동 수상),
독일의 훔볼트상, 노르웨이학술원과 카블리 재단이 수여하
는 카블리상(앨런 구스, 알렉세이 스타로빈스키와 공동 수상),
파리 천체물리학연구소 메달 등이 있으며, 2012년에는 수
상자별로 노벨상 상금의 두 배가 넘는 3백만 달러를 지급하

는 기초물리학상(앨런 구스 및 다른 학자들과 공동 수상)을 수상했다.

린데는 자기 확신이 강한 사람이다. 내가 그를 처음 만났던 1987년은 그의 가장 중요한 연구물인 급팽창 이론이 발표되고 몇 년 후였는데, 린데는 그의 발견에 대해 이렇게 말했다. "나는 구스가 하려던 일이 쉽게 이해되었습니다.[117] 그러나 내가 이해하지 못한 것은 어떻게 그것이 [인플레이션이] 가능할 수 있었는가 하는 것이었습니다. 왜냐하면 [구스의 기존 이론에서] 불균일성이 크다는 [관측된 정보와 모순되는] 것을 봤기 때문입니다. 나는 신이 그토록 간단히 자신의 일을 할 수 있는데, 즉 우주를 창조할 수 있는데, 그런 좋은 방법을 사용하지 않았을 리가 없다는 생각이 들었습니다. (…) 나는 즉시 루바코프Rubakov 박사와 [통화하며] 유사한 물질에 관해 이야기했습니다. (…) 아내와 아이들이 이미 잠든 시간이었기 때문에, 화장실에 앉아 있었지요. (…) 모든 그림이 명확해지자, 몹시 흥분되었습니다. 아내에게 가서 그녀를 깨우고 말했습니다. '아무래도 우주가 어떻게 만들어졌는지 알게 된 것 같아.'"

최근에 나는 캘리포니아 스탠퍼드에 있는 그의 집을 방문했다. 그의 이론에 대한 최신 정보와 그 이론이 우리 세계관에서 어느 위치에 와 있는지를 듣기 위해서였다. 그는 아내와 함께 구불거리는 길과 알록달록한 정원, 언덕 위의 집들이 있는 멋진 동네에 살고 있었다. 검정 티셔츠 위에 검은 기모 스웨터, 검은 바지를 편하게 입고 있던 린데는 샌달 안에 검은 양말까지 신고 있었다. 모든 복장이 눈처럼 하얀 그의 백발과 극적으로 대비되었다. 그의 영어 실력은 능숙했지만, 러시아 억양도 강하게 남아 있었다. 우리는 주방 테이블에 앉았다. 벽에는 시계와 이탈리아 토스카나 지역의 지도가 걸려 있었고, 선반 위에는 도색된 항아리가 놓여 있었다. 그의 아내가 점심으로 맛있는 토르텔리니 요리와 샐러드를 준비해 주었다.

먼저, 나는 린데 교수에게 공간적인 무한대가 정말 존재한다고 믿는지 물어보았다. 그러자 그는 이렇게 답했다. "공룡이 정말 존재한다고 생각합니까?[118]" 그러고는 잠시 멈췄다가 다시 이야기했다. "모든 것은 *마치* 공간적인 무한성이 존재하듯이 작용합니다." 그는 언어를 신중히 사용했다. 그러고는 우리가 절대로 알 수 없는 현실의 무한과 그 무한에 관한 우리의 이론과 추론들을 구분지었다. 린데는 언제나 철학에 큰 관심이 있었다. 고등학생 시절 친구들과 과학 대 예술을 주제로 토론했던 일을 기억했다. 십 대 때는 '감정'이 실제 물체라는 철학적인 생각을 했는데, 그 생각을 아직도 완전히 버리지 않았다. 어린 린데는 두 사람이 언어적으로든 비언어적으로든 대화를 나누고 있을 때, 그들의 감정 물체가 동시에 공유된다고 생각했다. 하지만 과학 시간에 아인슈타인의 상대성이론을 배웠고, 빛보다 빠르게 움직이는 물체가 존재할 수 없다는 사실을 알게 되었다. 그래서 그런 '실수'를 하지 않으려면 우선 물리학을 공부해야겠다고 결심했다.

나는 린데 교수에게 무한에 대해 어떻게 생각하는지, 그것을 시각화하려고 시도했었는지에 대해 물었다. "우리가 아무리 멀리 가더라도, 우리는 그보다 더 멀리 갈 수 있습니다." 이렇게 말한 그는 정원을 비유로 들었다. "그런데 울타리가 있는 겁니다." 이 대화를 나누기 일주일 전, MIT의 이론물리학자 로버트 자피Robert Jaffe가 내게 "무한이라는 개념은 무라는 부수적인 개념만큼이나 골치가 아프다"라고 말했었다. 그러나 린데는 저 밖의 무한한 우주 공간에 존재하는 수없이 많은 또 다른 나에 대해 특별히 신경 쓰고 싶지는 않다고 말했다. 하지만, '만일 그들이 나와 똑같은 생각을 한다면, 그것은 매우 심오하고 중요한 일'이 될 거라고 인정했다.

무한에 대한 아낙시만드로스의 개념은 추상적이며, 물리적 우주와 연결하기에 합당하지 않다. 사실 초기 그리스 철학자들은 우주의 크기가 제한적이고, 실제 거리는 확인할 수 없지만, 우주 바깥에 경계가 있다고 생각했다. 이러한 우주 개념을 그린 그림이 아리스토텔레스에 의해 종종 사용되었는데, 여기서 지구는 일련의 동심원들 중심에 놓여 있다. 지구 바로 바깥에 있는 원은 달이며, 바깥으로 갈수록 수성, 금성, 태양, 화성, 목성, 그리고 토성의 원이 있다. 토성 너머에는 '별이 고정되어 있는 구'가 있으며, 마치 구체로 된 크리스마스트리 위의 전구들처럼 각각의 별도 이 껍질 위에 붙어 있다. 이 별 구체 너머에는 신이 손가락으로 회전시키는 가장 바깥쪽의 마지막 구, '제10천十天, primum mobile(최초로 움직이는 구)'이 있다. 16세기, 코페르니쿠스가 태양계의 중심에 태양을 놓음으로써 거의 모든 개념을 바꿔버렸다. 그러나 이 폴란드 과학자도 우주가 유한하다는 개념은 건드리지 않았다. 지지 않는 별들이 가장 바깥의 천구에 그대로 매달려 있었다.

처음으로 우주의 공간적인 무한성을 구체적인 용어로 기술한 첫 번째 사람은 영국의 수학자이자 천문학자 토머스 디기스Thomas Digges(1546~1595)인 것으로 보인다. 1576년, 디기스는 그의 아버지가 영구적인 역법almanac*에 대해 작성한 『영원한 예언A Prognostication Everlasting』의 첫 번째 편집본을 출

* 천체의 주기적인 현상을 바탕으로 날짜의 순서와 시간 단위를 정하는 방법이다.

간했다. 아버지가 세상을 떠난 지 오래된 시점에서, 아들 토머스 디기스는 허가받지 않은 부록을 추가하여 대담한 결과물을 만들었다. 이 부록의 제목은 '최근 코페르니쿠스와 승인된 기하학적 시연으로 인해 부활한 고대 피타고라스 학설에 따른 천체 궤도에 관한 완벽한 설명'이었다. 이 부록에서 디기스는 별의 영역을 없애버렸다. 그리고 자신의 도표 중심에다 가시광선을 내뿜고 있는 태양의 모습을 그려 넣었으며, 그 바깥에 행성들의 궤도를 그렸고, 이 행성 궤도 너머로 페이지 구석까지 무한한 우주를 수놓는 별들을 뿌려놓았다.

디기스와 코페르니쿠스, 아리스토텔레스가 동의한 한 가지 사실이 있다. 그것은 우주 전체가 정지해 있다는 것이다. 그들에게 우주는 웅장하면서도 불멸하는 대성전이었다. 무한한 과거와 무한한 미래를 가진 우주는 영원히 존재해왔으며 앞으로도 영원히 존재할 것이었다. 이 평화로운 생각은 이후로도 300년간 조용히 안착해 있었다. 심지어 1917년에 발표된 아인슈타인의 우주론마저 그의 새로운 중력이론을 바탕으로 정적이고 영원한 우주의 모습을 보여주었다.

그러던 어느 날, 빅뱅이 찾아왔다. 1927년, 벨기에의 신부이자 물리학자인 조지 르메트르Georgy Lemaître가 이전에 관찰된 은하들의 바깥 방향으로 움직이는 모습이 우주의 팽창을 의미한다고 주장한 것이다. 2년 후, 르메트르의 주장이 미국 천문학자 에드윈 허블에 의해 확인되었다. 허블은 다른 은하들이 우리에게서 멀어지는 속도는 그 은하와 우리 사이의 거리에 비례한다는 사실을 발견했으며, 이것은 모든 은하의 모습이 마치 팽창하고 있는 풍선 위에 찍힌 점의 모습과 정확히 일치하는 결과였다. 어떤 점(은하)에서 보더라도, 다른 점들은 그 점으로부터 멀어진다. 그리고 어떤 점도 중심에 있지 않다.

오늘날 우주가 팽창하는 속도를 측정함으로서, 우리는 언제 우주가 '시작'되었는지 어림잡아 알 수 있다. 약 140억 년 전이다. 그 순간부터 우주는 팽창했고, 얇아졌으며, 차가워졌다. 우주를 풍선에 비유했지만, 그것은 비유에 불과하단 것을 명심해야 한다. 특히, 우주는 풍선과 달리 무한히 팽창할 수 있다. 천문학자들에게 우주가 팽창한다는 말은 두 개의 은하 사이 거리가 시간에 따라 증가함을 의미한다.

빅뱅 이론은 가설 그 이상의 의미를 지닌다. 이 이론은 $t=0$, 즉 최초의 시점부터 우주가 어떻게 진화해 왔는지를 일련의 공식을 통해 자세히 설명하며, 평균 밀도나 어느 시점에서의 우주 온도와 같은 양적인 세부 사항을 정확히 명시하고 있다. 그리고 이후에 몇 가지 증거를 통해 증명되었다. 그중 하나는 우주의 나이이다. 우주의 팽창률로 계산한 우주의 나이가 물리학 계산으로 파악한 가장 오래된 별의 나이와 거의 일치한 것이다.

다른 하나는 우주 전파의 존재로, 빅뱅 이론은 우주 사방으로부터 우주 전파가 홍수처럼 쏟아져 들어오고 있으며, 이 전파는 우주 나이 약 30만 년경에 만들어진 것으로, 현재 그 온도가 영하 270도 정도라고 예측했다. 우주배경복사 cosmic background radiation라고 불리는 이 전파는 이미 1956년에 발견된 것이었다. 그밖에 확인된 예측 중에는 가장 가벼운 화학 원소의 비율에 관한 것이 있다.

빅뱅 이론에서는 우주 풍선이 팽창하기 이전에도 시간과 공간이 존재했을 거라고 말하지 않는다. 그런 심오한 문제는 린데와 다른 이들의 몫으로 남겨질 것이다. ('빅뱅 이전에는 무슨 일이 있었는가?' 장을 확인해 보길 바란다.)

린데가 처음으로 빅뱅 이론에 대해 들은 것은 그가 모스크바에서 물리학 전공의 대학생으로 있었던 1960년대 후반이었을 것이다. 그는 앨런 구스와 마찬가지로, 우주학자가 되기 위한 훈련뿐만 아니라 이론물리학자를 위한 교육도 받았다. 우주학자들은 가장 큰 규모의 자연을 연구하지만, 입자물리학자들은 가장 작은 규모의 자연을 연구한다. 물리학의 이 두 분야는 서로 관련 없어 보일 수도 있다.

그러나 1970년대 초, 린데는 실험실에서는 구현할 수 없는, 오직 초기 우주의 엄청나게 뜨거운 조건에서만 존재하는 극한의 높은 온도와 그때 벌어지는 특정 현상에 흥미를 갖게 되었다. 당시 그의 이론 중 하나는, 말하자면 급팽창 연구의 서막이었다. 그에 관해 린데는 이렇게 말했다. "처음부터 이 이론은 너무 이질적이었습니다.[119] 1972년에 발표했는데, 2년간 아무도 우리를 믿지 않았습니다. 사람들이 웃었지요…" 그러던 1974년, 미국 물리학자 몇몇이 이론의 주요 결론을 확인했다.

처음에는 의심하지만 결국 대부분이 받아들이게 되는, 린데의 초기 연구에 대한 이러한 반응은 그의 연구 경력에 있어 하나의 패턴이 되어버린 것 같다. 대화를 나누면서, 우리는 과학 이론들이, 특히 개성이 강한 이론들이 과학계에서 맞닥뜨리는 상황에 대해 이야기했다. 린데는 과학자들의 선입견과 편견, 제도적 위상, 그리고 당연하게도 과학 사업에 내재된 주의력 등을 강력한 '사회학적sociological' 효과라 부른다고 설명했다. 본인 자신은 조심성이 없다고 한다. 그의 동료가 표현한 린데는 맞든 틀리든 일단 많은 아이디어를 마구 던지는 사람이며, 자기 확신이 굉장히 강하고, 강연과 기고 활동으로 대중들을 즐겁게 해주는 쇼맨이었다.

1970년 초반까지 일부 물리학자들은 빅뱅 이론의 성공과 별개로, 빅뱅 이론이 초래하는 문제들을 우려했다. 그중 하나는 우리가 우주의 어느 방향을 보든지 우주 전파의 온도가 매우 균일하다는 것이었다. 두 가지 가능성으로 그 현상을 설명할 수 있다. 하나는 우주가 처음부터 극도로 균일한 조건에서 시작되어 우주 전반의 온도가 똑같았다는 설명이며, 다른 하나는 처음에는 균일하지 않았지만, 욕조 속에서 뜨거운 물과 차가운 물이 열을 교환하여 시간이 지남에 따라 균일한 온도가 되듯이, 우주도 마찬가지였을 거라는 설명이다.

하지만 열을 교환하는 데는 시간이 필요하다. 빅뱅 모델에 따르면 오늘날 우리가 보고 있는 우주의 멀리 떨어진 부분은, 우주 전파가 생성된 우주의 첫 30만 년 동안 열을 교환할 시간이 없었을 것이다. 따라서 두 번째 설명은 지워야 한다. 그러나 첫 번째 설명도 마음에 들지 않는다. '원래 그래서 그런 거다'라는 식으로 문제를 덮어두는 설명이기 때문이다. 일반적으로 물리학자들은 그런 식의 주장을 혐오한다. 그들은 모든 현상을 물리적 우주의 몇 가지 계산 가능한 법칙과 원칙에 따른 필연적인 결과로 설명하길 원하며, 자신들이 계산할 수 없는, 초기 조건에서 '어쩌다' 일어난 사건으로 받아들이는 일은 좋아하지 않는다.

구스-린데의 급팽창 이론은 우주 전파에 관한 수수께끼뿐만 아니라 빅뱅 이론에서 초래된 다른 문제들도 해결해

주었다. 초기 우주 동안 우주가 눈부신 속도로 빠르게 팽창했을 당시, 모든 부분이 균질할 만큼 매우 작았던 우주가 빠르게 팽창하여 지금의 관측 가능한 우주 전체를 덮을 수 있었던 것이다. 초기 조건과 상관없이, 급팽창 현상은 전 우주의 온도를 균일하게 만들었다.

여기서 가장 중요한 점은, 급팽창 현상의 이유와 다양한 관련 에너지 및 힘에 관한 공식이 급팽창 이론 속에서 모두 설명되어 있다는 것이다. 이 이론의 핵심요소이자 초기 우주에서 극도로 빠른 팽창이 일어난 원인은 스칼라장*scalar field*이라는 어떤 종류의 에너지 때문이다. 중력과 마찬가지로 에너지장 대부분은 눈에 보이지 않아도 힘을 발휘할 수 있다. 단, 이 스칼라장은 중력과 반대되는 힘을 행사한다. 물체를 끌어당기는 대신, 밀어내는 힘인 것이다.

내가 구스-린데 이론이라고 부르는 이 이론은 모스크바의 알렉세이 스타로빈스키가 시작하였으며, 1979년부터 1986년까지 몇 년에 걸쳐 개발되었다. 그동안 다양한 버전의 급팽창 이론이 발표되었고, 관련된 문제들이 떠올랐다가 수정되었으며, 또 새로운 가설이 제기되고, 다른 물리학자들이 개입하기도 했다.

린데의 가설 중 하나는 스칼라장 에너지가 초기 우주에서 다양한 규모로 끊임없이 만들어져야 한다는 것이다. 양자 효과 때문이다. 양자물리학에서는 에너지와 물질이 갑자기 나타났다가 갑자기 사라지는 이상한 현상이 일어난다. 만일 여러분이 고도의 현미경으로 우주를 관찰할 수 있다면, 무작위로 나타났다 사라지는 유령 같은 입자 및 에너지로 인해 우주가 끊임없이 변동하는 모습을 보게 될 것이다. 보통 이러한 양자 현상은 원자의 작은 세계에만 나타나지만, t=0과 근접한 시기에 관측 가능한 우주 전체의 규모는 원자보다 더 작으므로 양자 현상이 일어날 수 있다.

빅뱅 이후, 스칼라장 에너지가 구현되기 충분한 우주 초기의 어느 시점에 도달했을 때, 이 중력에 반대되는 힘은 공간을 빠르게 팽창시켜 전체 우주를 탄생시켰을 것이다. 그리고 이러한 양자 요동 현상은 여러 시간과 장소에 무작위적으로 나타난다. (그래서 린데의 영원한 혼돈 급팽창 이론에 '혼돈'이 들어 있다.) 따라서, 새로운 우주도 계속해서 형성될 것이다. 물론, 린데의 이론이 가능해지려면 우리가 말하는 '유니버스universe'의 의미가 다시 정의되어야 한다. 어떤 물리학자들은 이 단어를 무한한 미래로 격리될 우주의 한 지역으로 사용한다. 이 지역은 아마 과거에는 우주 다른 부분과 소통할 수 있었겠지만, 미래에는 우주 나머지 부분과 절대로 닿을 수 없을 것이다.

실제로, 이 각각의 지역이 우주이다. 아인슈타인에 의하면 중력으로 변환될 수 있는 이 공간 기하학의 복잡한 방식에 따라, 각각 무한한 우주가 다중적으로 존재할 수 있다. 양자 요동으로 생성되는 이 새로운 우주들은 광범위한 성질을 가질 것으로 예측된다. 어떤 우주는 무한할 것이며, 어떤 우주는 유한할 것이다. 항성과 행성, 생명체를 만들기에 적당한 조건을 가진 우주도 있고, 아무런 생명체 없이 아원자 입자와 에너지가 형성되지 않은 사막도 있을 것이며, 심지어 우리 우주와 다른 차원인 우주도 존재할 것이다. 이러한 시각에서 봤을 때, 새로운 우주들은 끝없이 탄생하고, 각 우주에는 각자만의 빅뱅 시작점이 있을 것이다.

넓은 우주에서 봤을 때, 우리의 t=0은 시간과 공간의 시작점이 아니라, 오직 우리 우주라는 특정 우주의 시작점일 뿐이다. 비록 우리 우주의 모든 것이 사라지더라도, 린데의 시각에서 보는 현실에서는 밤하늘의 별자리가 새로운 우주의 하늘 위에서 끊임없이 빛날 것이며, 그것 또한 일종의 불멸일 것이다.

몇몇 논문에서 린데는 영원한 혼돈 급팽창 이론을 여러 나뭇가지를 엮어 만든 두툼한 울타리로 묘사했다. 각 나뭇가지는 별개의 우주를 의미하며, 얇은 관에 의해 이전 우주와 다음 우주에 엮여 있다. 이러한 우주들의 전체 집합을 '코스모스cosmos'라고 불러야 할지도 모른다. 간혹 '다중우주

multiverse'라고 부르기도 한다. 이러한 린데의 이론을 보고 있자면, 그리고 우주 전체를 나타내는 각각의 나뭇가지 안에 담겨 있을지도 모를 별들과, 행성과, 도시, 건물들, 나무들, 그리고 개미나 그와 비슷한 생명체, 석양의 존재를 깨달을 때면 놀라움을 금할 수 없다. 헤아리기 어렵다. 그러나 인간의 정신은 이 상상 속의 두툼한 울타리를 이해해 왔다. 『모래의 책』속 행상인이 이렇게 말한다. "불가능합니다. 하지만 존재합니다."

누군가는 안드레이 린데의 '우주 지도'와 인류 역사상 가장 오래된 지도인 바빌로니아의 점토판 지도Babylonian Map of the World를[120] 비교하지 않을 수 없을 것이다. 바빌로니아 지도는 지금의 이라크 땅을 점토판 위에 구현한 것으로, 현재 영국 박물관에서 소장하고 있다. 실제로 존재했던 세계(기원전 600년경)를 그린 이 고대 지도를 보면, 남북으로 흐르는 유프라테스 강에 바빌론의 도시가 자리잡고 있다. 그밖에 우라투, 수사, 아시리아, 합반 등 다른 몇몇 도시들과 산 및 이를 둘러싼 원형의 바다('쓴 강bitter river'이라고 표시된)가 그려져 있고 이름이 (산스크리트어로) 새겨져 있다.

마지막으로, 어떤 알려지지 않은 미지의 외곽 지역이 원형의 바다로부터 뻗어 나가는 가시로 표현되어 있다. 이 이름 없는 가시들을 린데의 지도에 있는 이름 없는 나뭇가지들과 비교할 수 있을까? 가시와 나뭇가지 모두 물리적 탐구의 영역에서 훨씬 벗어나 있으며, 상상력의 도약을 필요로 한다.

그러나 린데의 나뭇가지는 어떤 수학적 계산에 의한 논리적인 결과이다. 린데가 인정하듯, 그 공식들 또한 인간의 상상력에 수반된 연구물이며, 현실 그 자체가 아닌 현실의 모형이다. 린데의 생각은 공상적이면서도 논리적인 생각에 기반을 두고 있다. 비록 다른 이론물리학자들처럼 수학적으로 능통하지만, 그는 자신에 대해 묘사하기를 기술적이기보다는 직관적이며, 스티브 워즈니악Steve Wozniak보다는 스티브 잡스Steve Jobs 쪽에 가깝다고 하였다.[*]

바빌로니아 세계지도는 정적이다. 그에 반해, 린데의 우주 지도는 진화와 변화, 움직임을 담고 있다. 시간이 흐름에 따라 다양한 우주들이 또 다른 우주를 만들어낸다. 그렇다면, 더 나은 비교 대상은 힌두 우주론Hindu cosmology일지도 모른다. 이곳에서 우리 우주는 무한한 수의 순환하는 우주 중 하나이며, 전체 우주는 시작도 끝도 없다. 그 개념이 힌두 신화인 「바가바타 푸라나Bhagavata Purana」에 나온다.

---

[*] 스티브 워즈니악과 스티브 잡스는 애플컴퓨터의 공동 창립자이며, 컴퓨터 엔지니어인 워즈니악은 기술적인 면을, 스티브 잡스는 마케팅을 담당했다.

모든 우주는 땅과 물, 불, 공기, 하늘 그리고 총체적 에너지와 거짓 자아, 총 7개 층으로 덮여 있다.[121] 각각의 층은 이전 층보다 열 배씩 크다. 이 우주 말고도 셀 수 없이 많은 우주가 있으며, 그들은 무한하게 크지만, 당신 안의 원자처럼 움직인다. 그러므로 당신은 무한하다고 불린다.

린데의 우주 지도를 보면서, 내가 무한하다고 느껴지지는 않는다. 오히려 내가 작고 보잘것없이 느껴진다. 『모래의 책』속 행상인이 만약 우주가 무한이라면, 우리는 우주의 어디에도, 시간의 어디에도 없다고 말한 것처럼 말이다. 만일 우리가 정말 우주의 어디에도, 시간의 어디에도 존재하지 않는다면, 만약 우리의 짧은 생애가 이 작은 행성에서 끝나버리고, 그 행성조차 무한한 우주의 무수한 행성 가운데 하나에 불과하며, 이 우주 또한 린데의 두꺼운 울타리에 있는 나뭇가지 하나일 뿐이라면, 우리가 한 모든 일이 어찌 중요할 수 있겠는가?

그러나 이와 반대로, 우리가 매우 사소한 부분으로나마이 헤아릴 수 없는 존재, 무한한 존재의 사슬을 이루는 일부가 된 데에는 뭔가 장엄한 이유가 있을지도 모른다. 오늘로부터 천억 년이 지나고 나면, 우리는 죽고, 우리 태양은 소진되며, 우리 우주는 어둡고 생명 없는 공허로 남게 될 것이다. 그러나 린데에 의하면, 다른 우주들은 계속해서 탄생할 것이고, 그중 일부에는 분명 생명이 있어서, 이름 붙일 수 없는 소중한 무언가를 다시 만들어낼 것이다.

우리는 평생 린데의 무한한 우주의 존재 여부를 알 수 없을지도 모른다. 그러나 구스-린데 급팽창 이론의 나머지 부분은 현재 적극적으로 확인 중에 있다. 린데의 설명에 따르면, 그중 가장 중요한 연구는 급팽창 이론으로 예측한 'B-모드 편광B-mode polarization'에 대한 것으로, 우주 전파의 진동에 생긴 미묘하게 뒤틀린 패턴의 흔적을 분석하는 일이다. 몇 년 전에 천문학자들은 이 현상을 발견했다고 생각했는데, 이 현상이 실제로 확인만 된다면 린데와 구스는 노벨상을 품에 안을 수 있었다.

2014년 3월 6일 목요일 아침, 스탠포드의 천체물리학 교수인 궈차오린Chao-Lin Kuo이 린데의 집 문을 두드렸다. 카메라 팀과 함께였다. (11일 후에 스탠포드대학교에서 만든 비디오를[122] 유튜브에 올렸으며, 3백만이 넘는 조회 수를 기록했다.) 문이 열리고, 린데와 그의 아내가 그 소식에 깜짝 놀라는 듯한다. 레나타가 차오린을 크게 껴안았다. 린데와 차오린이 주방으로 들어가자 카메라가 따라 들어갔으며 그들이 샴페인을 따는 모습을 담았다. 코르크 마개가 뻥 뚫리는 소리가 들린다. 벽에 걸린 시계와 토스카나 지도, 선반 위의 항아리가 보인다. 린데가 만면에 웃음을 띠며 말했다. "빅뱅이 일어나고 수십억에 수십억에 수십억에 수백만 분의 1초 후에 있었던 일을 말하는 겁니다. 드디어, 도착했습니다."

귀 박사가 다녀간 지 11일 후, 전 세계에 주요 뉴스로 알려졌다. <뉴욕타임즈>는[123] '우주의 파장이 빅뱅의 명백한 증거를 드러내다'라는 제목으로 기사를 썼으며, 존스홉킨스대의 우주학자 마크 캐미온코스키Marc Kamionkowski는 "더할 수 없을 만큼 엄청난 일입니다"라고 말했다. MIT의 우주학자 맥스 테그마크Max Tegmark도 이렇게 말했다. "만약 이게 사실이라면, 과학 역사상 가장 위대한 발견이 될 것입니다."

하지만 사실이 아니었다. 아니, 실험 결과는 정확했지만 해석하는 과정에서 오류가 있었다. 후속 분석을 통해, 그 뒤틀림 효과가 구스-린데 급팽창 이론에서 예측되었던 특별한 현상이 아니라 우주에 있는 일반적인 먼지로 인한 현상이라는 결과를 얻게 된 것이다. 그러나 이 사건은 연구를 좌절시키기는커녕, 더 많은 할 일을 만들어 주었다.

우리 은하에 있는 일반 먼지와 초기 우주가 급팽창한 흔적을 구분할 수 있을 만큼 정밀한 B-모드 편광 측정 연구가 현재 칠레 북부의 아타카마 사막Atacama Desert의 '북극곰Polar Bear' 프로젝트와 남극의 'BICEP(Background Imaging of Cosmic

Extragalactic Polarization)' 실험 등 다양한 연구를 통해 진행되고 있다. 이 실험들은 미국과 잉글랜드, 웨일즈, 프랑스 그리고 캐나다에 있는 십여 개 기관들의 국제적인 합작품이다. 전 세계에서 수천 명이 넘는 과학자들, 이론학자와 실험학자들 모두가 급팽창 이론과 그 결과를 확인하고 증명하기 위해 적극적으로 연구에 참여하고 있다. 오늘날 우주학자 대부분이 급팽창 이론을 우리 우주의 첫 순간에 대한 최고의 가설로 인정하고 있다. 우리는 이 이론을 인간 정신의 승리로 여겨야 한다.

그러나 안드레이 린데는 자신의 업적으로 평온함을 느끼는 사람처럼 보이지 않았다. 뭔가가 그를 불편하게 만들었다. 급팽창 이론의 역사에 대해 말하면서, 그는 여전히 반대론자와 경쟁 이론가들로부터 자기 생각을 방어하고 있는 듯했고, 발견의 우선권을 놓고 아직도 구스나 다른 이들과 경쟁하고 있는 듯했으며, 정당화에 대한 욕구가 몹시 강해 보였다.

그와 나눈 대화나 그가 쓴 논문 리뷰, 혹은 자전적인 글을 보면, 린데는 자기 자신을 우주의 새로운 관점을 개발하고, 의심하는 자들과 맞서 싸우며, 타인의 실수와 오해를 바로잡고, 종종 스스로 오해를 받기도 하는 영웅적인 모습으로 묘사했다. 그가 즐겨 하는 이야기가 하나 있는데,[124] 1981

년 10월 스턴버그 천문학연구소에서 있었던 스티븐 호킹의 강연에서 린데는 러시아 청중을 위해 호킹의 말을 러시아어로 통역해 달라는 부탁을 받은 상황이었다.

당시 호킹을 포함해 다양한 물리학자들은 구스의 기존 급팽창 이론이 가진 심각한 문제(너무 심한 불균등성)를 해결하려고 노력하는 중이었다. 린데는 구스의 이론을 수정하여 자신만의 급팽창 이론을 고안한 상태였지만, 아직 발표 전이었다. 강연이 진행되는 동안, 호킹이 중얼거리는 말투로 알아듣기 어려운 말을 하면, 그 말투에 익숙한 그의 제자들이 이해할 수 있는 말로 고쳐주었고, 그다음에서야 린데가 러시아말로 통역을 했다.

이렇게 고통스러울 만큼 느린 과정이 진행 중이었는데, 그 과정에서 호킹이 청중 앞에서 린데가 좋은 생각을 갖고는 있지만 틀린 생각이라고 말하는 일이 벌어졌다. 그러고는 30분 동안 휠체어에 앉아서 왜 린데의 생각이 잘못되었는지를 설명했다. 그러는 내내 린데는 호킹의 설명을 통역해야만 했다. 강연이 끝날 때쯤, 린데는 청중들에게 말했다. "통역은 했지만, 동의하지는 않습니다." 그런 다음, 휠체어에 앉아 있는 호킹을 데리고 건물의 다른 교실에 가서 문을 닫고 자신의 새로운 이론에 대해 더욱 자세하게 설명했다. 결국, 호킹은 린데가 맞았다고 인정할 수밖에 없었다. 린데의 말에 의하면, 호킹은 그곳에서 한 시간 반 동안 같은 말만 했다고 한다. "하지만 아까는 그 말을 안 했잖은가. 하지만 아까는 그 말을 안 했잖은가."

어쩌면 그의 강한 자아와 허세는 그가 환상적인 우주론의 개념을 완성하는 데 필수적인 요소였을 것이다. 그와 지적 능력은 동일하지만 좀 더 신중한 성향인 다른 과학자들은 세상에 관한 이론을 펼치는 데 있어서 지금까지 모험을 해본 적이 없을 것이다. 방정식은 방정식일 뿐이지만, 그것들은 기발함과 가능성으로 끊임없이 변하는 복잡한 우주 그 자체인 인간의 마음속에서 상상되고, 해석되어야만 한다.

"처음에는, 어린아이처럼 계속 발견만 했습니다." 린데가 말했다. "이제는 깊은 책임감을 느낍니다. 수백 명의 사람이 급팽창 이론을 연구하고 있고, 그걸 증명하기 위해 수많은 [값비싼] 실험을 하고 있습니다. 무거운 책임감을 느낄 수밖에 없지요. (…) 그저 물리학자인 채로 세상을 떠나고 싶지 않습니다. 나는 사진 찍는 일이 즐겁습니다. 사진을 찍으면 내 뇌의 다른 부분을 느끼게 되지요. 그곳에는 물리학을 넘어서는 측정할 수 없는 뭔가가 있습니다. 사진은 예술입니다. 첫 번째 우선순위를 정하고 나서, 그다음 우선순위를 정해야 하지요. 내가 예순이었을 때 누군가 사진기를 줬습니다. 사진기만 있으면 아름다움을 만들어낼 수 있게 되었지요. 내가 미술관에 있는 것보다 더 나은 작품을 만들 수 있을 겁니다. 아니, 지금 거만한 미국인처럼 말하고 있네요. 나는 내 심장을 노래하게 하는 이미지를 만드는 겁니다. 급 팽창을 구현하는 컴퓨터 그래픽과 사진으로 말이지요. 그 아름다움을 처음 보는 사람 중에 내가 있습니다. 내 마음 한 구석에 물리학을 넘어서는 그 무언가가 존재하지 않았다면, 우주론을 보여주는 컴퓨터 그래픽을 만들어낼 수 없었을 겁니다."

린데는 곧장 컴퓨터로 가서 플리커Flickr 사이트[*]를 내게 보여주었다. 거기에는 그가 찍은 사진 수백 장이 들어 있었다. "여기 앉아보세요." 그는 나를 컴퓨터 화면과 가까운 자리에 앉혔다. 그가 찍은 사진 중에서 「꿈꾸는 알카사르Alcazar Dreams」라는 작품은 스페인 세비야에 있는 십자의 안뜰Patio del Crucero 아래 지하 수영장의 모습을 담고 있었다.^{**} 린데는 알 카사르 궁전의 주인이 연인을 위해 지은 것이라고 설명했다. 으스스한 분위기를 풍기는 아치형의 주황빛 돌기둥들이 몸을 웅크려 수영장을 감싼 채 멀리 사라지는 지점까지 차

---

* 사진 공유 커뮤니티 사이트.
** 세비야 알카사르는 13세기~14세기에 축조된 스페인 세비아에 있는 궁전으로, '소녀의 안뜰', '사자의 안뜰' 등 분수와 정원이 있는 다양한 종류의 안뜰이 있으며, '십자의 안뜰'도 그중 하나다.

례차례 늘어서 있다. 또 다른 사진 「가려진 그대의 얼굴Hide Thy Face」은 난초 꽃의 내부를 극도로 클로즈업한 사진이었다. 사진 가장자리에는 얇은 꽃잎이 푸른 후광을 비추며 펼쳐져 있고, 가운데는 붉은 반점으로 뒤덮인 이 심실의 노란색 심장이 하얗고 붉은 줄무늬 팔을 양쪽으로 뻗고 있다. 그리고 옅은 녹색과 노란색 꽃잎이 더 멀리 이어져 있다. 모두를 합하니, 정교한 보석이자, 무한대 속 작은 물방울이 되었다.

후주

무와 무한 사이

1   블레즈 파스칼, 『팡세(생각)』, W. F. 트로터W. F. Trotter 영문 번역(뉴욕: P. F. Collier and Son, 1909), 48권, 27~28쪽.

2   추천할만한 파스칼의 전기물은 마빈 오코넬Marvin R. O'Connell의 『블레즈 파스칼』임. (그랜드래피즈, 미시건: William B. Eerdmans, 1997).

3   T. S. 엘리엇, 『평론선집Selected Essays』(런던, Faber and Faber, 1931), 411~412쪽.

4   그 예시가 담긴 책, 윌 듀란트Will Durant의 『문명 이야기: 동양문명The Story of Civilization: Our Oriental Heritage』(뉴욕: Simon and Schuster, 1935), 2장.

5   두 배로 계산하면, 인간은 원자와 별 한가운데에 있게 됨. 원자는 10^{-8}센티미터이며, 인간은 약 10^2센티미터이고, 별은 약 10^{11}센티미터 크기임.

6   『실낙원』 8권, 71~75절.

7   알베르트 아인슈타인, 「나는 세상을 어떻게 보는가The World as I See It」, <Forum and Century>, 84호(1931) 193~194쪽에 처음 수록된 글이었음. 현재는 알베르트 아인슈타인의 저서 『생각과 의견Ideas and Opinions』(뉴욕: Modern Library, 1994) 11쪽에서 볼 수 있음.

빅뱅 이전에는 무슨 일이 있었는가?

8   비정적 우주론에 대한 아인슈타인의 태도와 1931년 2월 11일에 윌슨 산 천문대에서 있었던 일이 역사가 해리 누스바우머Harry Nussbaumer가 쓴 「정적 우주론에서 우주 팽창설에 이르는 아인슈타인의 변화Einstein's Conversion from His Static to an Expanding Universe」에 상세히 기록되어 있음. <European Physical Journal>, H39호(2014), 37~62쪽.

9   아인슈타인의 1930년 12월 11일 일기(알베르트 아인슈타인 기록물, Amerika-Reise 1930, 기록번호 29~134), 번역본 44쪽.

10   러시아 과학자는 알렉산드르 프리드만Alexander Friedmann, 벨기에 과학자는 조르주 르메트르Georges Lemaître임.

11   조르주 르메트르가 1927년 솔베이회의Solvay Conference에서 아인슈타인과 대화했던 기억. 「A. 아인슈타인과의 만남Rencontres avec A. Einstein」, <Revue des

Questions Scientifiques>, 129호(1958).

12 <뉴욕타임즈>, 1931년 2월 12일, 15쪽.

13 양자 시기 동안, 기본 길이 단위는 '플랑크 길이'인 10^{-33}센티미터,
    기본 온도는 '플랑크 온도'인 10^{32}도임.

14 캐럴과의 인터뷰. 2015년 8월 4일.

15 숀 캐럴, http://arxiv.org/abs/0811.3772.

16 캐럴과의 인터뷰. 2015년 9월 17일.

17 스티븐 호킹, 『시간의 역사』(뉴욕: Bantam Books, 1988), 136쪽.

18 빌렌킨과의 인터뷰. 2015년 7월 7일. 빌렌킨의 모든 말의 출처는
    이 인터뷰임.

19 하틀과의 인터뷰. 2015년 7월 29일.

20 스티븐 호킹, 『시간의 역사』, 141쪽.

21 페이지와의 인터뷰. 2015년 9월 11일.

22 돈 페이지, 숀 캐럴의 블로그에 작성한 게스트 칼럼. 「돈 페이지의 신과 우주론에
    관하여Don Page on God and Cosmology」, 블로그 <엉뚱한 우주>, 2015년 3월 20일,
    http://www.preposterousuniverse.com/blog/2015/03/20/guest-post-don-page-
    on-god-and-cosmology.

23 캐럴과의 인터뷰. 2015년 8월 4일.

24 페이지와의 인터뷰. 2015년 9월 11일.

무에 관하여

25 「리어왕」, 1막 1장.

26 파스칼, 「신이 없는 인간의 비참함」, 『팡세』, 72장.

27 독일어로 쓰인 원본은 <Annalen der Physik> 17호(1905) 891~921쪽에 수록되어
    있으며, W. 페리트W. Perrett와 G. R. 제프리G. R. Jeffery에 의해 영어로 번역되었음.
    『상대성이론』(뉴욕: Dover, 1952).

28 『범주론The Categories』, H. P. 쿠크H. P. Cooke 영문 번역(캠브리지, 매사추세츠: Harvard
    University Press, 1980).

29 '화물숭배과학Cargo Cult Science' (1974년 캘리포니아공대 졸업식 연설에서 처음
    사용), 리처트 파인만, 『파인만 씨, 농담도 잘하시네!Surely You're Joking, Mr.
    Feynman!』(뉴욕: Norton, 1985). (화물숭배과학은 리처드 파인만이 만든 용어로, 겉보기에는
    과학인 것 같지만 그 안에는 엄격하게 평가할 만한 과학적 결과물이 없는 것을 뜻한다.
    ─옮긴이)

원자

30 아이작 뉴턴, 『옵틱스Optics』, 3권 1부. 앤드루 모트Andrew Motte 영문 번역, 플로리안 카조리Florian Cajori 교정, 브리태니커 백과사전의 『위대한 저서Great Books of the Western World』(시카고: University of Chicago Press, 1987), 34권, 541쪽.

31 루크레티우스, 『사물의 본성에 관하여』 2권, 398~407쪽의 글을 가다듬은 문장. W. H. D 라우스W. H. D Rouse가 번역한 작품이 로엡 고전 도서관Loeb Classical Library에 있음(캠브리지, 매사추세츠: Harvard University Press, 1982), 127쪽.

32 http://history.aip.org/history/exhibits/electron/jjsound.htm.

33 헨리 아담스, 『헨리 애덤스의 교육The Education of Henry Adams』에 있는 「과학의 문법The Grammar of Science」(1903: 보스턴: Houghton Mifflin, 1918), 458쪽.

34 어니스트 러더퍼드, 『현대과학의 배경Background of Modern Science』, 조지프 니덤Joseph Needham과 월터 파겔Walter Pagel 엮음(캠브리지: Cambrige University Press, 1938), 68쪽.

35 제리 프리드먼과의 인터뷰. 2004년 5월 28일.

36 리 스몰린Lee Smolin의 '시간과 공간의 원자들', <Scientific American>, 2004년 1월. 글 참조.

현대의 프로메테우스

37 메리 셸리Mery Shelley, 『프랑켄슈타인 또는 현대의 프로메테우스』(1818), 1장.

38 위와 같음, 4장.

39 르네 듀보René Dubos, 『루이 파스퇴르: 과학의 자유인Louis Pasteur: Free Lance of Science』(캠브리지, 매사추세츠: Da Capo Press, 1960), 187쪽.

40 밀러의 실험Miller-Urey Experiment. 1953년.

41 맥길대학교 토머스 장Thomas Chang의 연구.

42 1972년에 진행된 폴 버그Paul Berg와 동료들의 연구. 1970년대 초에 두 개의 다른 유기체의 유전자를 결합함으로써 변형된 형태의 생명체를 처음 만들었음.

43 J. 크레이그 벤터와 동료들의 연구. 2010년.

44 쇼스택, 노벨상 수상자의 자전적 소감문에 수록된 글. https://www.nobelprize.org/prizes/medicine/2009/szostak/biographical.

45 위와 같음.

46 위와 같음.

47 잭 W. 쇼스택, 데이비드 바텔David Bartel, 그리고 P. 루이지P. Louigi Louisi, '합성하는 생명체Synthesizing Life' <네이처>, 408호, 2001년 1월 18일, 387쪽.

48 쇼스택, 노벨상 소감문.

49   위와 같음.

50   위와 같음.

51   위와 같음.

52   잭 쇼스택과의 인터뷰. 매사추세츠 종합병원, 2019년 7월 17일. 특정 언급이 없는
       한, 쇼스택이 한 모든 말의 출처는 이 인터뷰임.

53   '원시세포 구조물의 실험 모델: 캡슐화, 성장, 그리고 분할Experimental Models
       of Primitive Cellular Compartments: Encapsulation, Growth, and Division' <사이언스>,
       302호, 2003년 10월 24일.

54   니콜라스 웨이드Nicholas Wade, '생명은 어떻게 시작되었는가?How Did Life Begin?'
       <뉴욕타임즈>, 2003년 11월 11일.

55   사라 그라함Sarah Graham, '점토의 도움으로 첫 번째 세포가 형성되었을 수도
       있다Clay Could Have Encouraged First Cells to Form' 2003년 10월 24일,
       http://www.scientificamerican.com/article/clay-could-have-encourage.

56   잭 쇼스택이 보낸 이메일 내용. 2019년 8월 5일.

57   위와 같음.

58   미가 그린슈타인이 보낸 이메일 내용. 2019년 5월 24일.

59   『실낙원』의 구절. 8권, 71~75절.

60   마이클 스펙터Michael Specter와 지나 콜라타Gina Kolata, 「수십 년간의 실수
       끝에, 복제는 어떻게 성공했는가After Decades of Missteps, How Cloning Succeeded」,
       <뉴욕타임즈>, 1997년 3월 3일.

61   https://news.gallup.com/poll/6028/cloning.aspx.

62   루스 페이든과의 인터뷰. 2019년 8월 14일.

63   요스 헛 케마카로와의 인터뷰. 2019년 8월 15일.

64   리처드 헤이스와의 인터뷰. 2019년 8월 10일.

65   폴 버그 외 다수, 「재조합 DNA 분자의 잠재적인 생물학적 위험Potential Biohazards
       of Recombinant DNA Molecules」, <사이언스>, 1974년 7월 26일.

66   생물윤리학적 연구에 관한 대통령 조사 위원회, 2010년 12월, https://
       bioethicsarchive.georgetown.edu/pcsbi/synthetic-biology-report.html.

67   리처드 파인만, 『발견하는 즐거움The Pleasure of Finding Things Out』(캠브리지,
       매사추세츠: Helix Books, 1999), 12쪽.

68   쇼스택, 노벨상 소감문.

천억 개

69   콜린 맥긴, 『신비한 불꽃The Mysterious Flame』(뉴욕: Basic Books, 1999).

70 여자에게 반사되어 남자의 동공 속으로 들어가는 빛 입자(광자)의 수를 다음과 같이 계산했음: 환한 대낮에 평균적인 빛의 세기는 제곱센티미터 당 초당 약 140만 에르그erg임. 가시광선 광자의 평균 에너지를 사용하면, 2전자볼트(1에르그=$6.24×10^{11}$전자볼트)가 되며, 이것은 제곱센티미터당 초당 40만 조 개의 광자를 의미함. 밝은 빛이 있을 때 동공의 크기가 약 0.04제곱센티미터이므로, 1초간 동공에 들어간 광자의 총 개수는 3만 조 개임. 여자 몸의 넓이가 약 5제곱피트(약 1.5제곱미터, 적당한 비율의 여성)이며, 남자와 여자의 거리 20피트(약 6미터)는 지구 반구의 0.002에 해당함. 따라서 쏟아지는 빛 중에 그녀를 반사하고 있는 빛은 약 20퍼센트임. 그러므로 (0.002×20퍼센트×3만 조 광자)를 계산하면 대략 본문에 인용한 수가 됨.

71 간상세포와 원추세포를 포함한 눈의 구조는 『그레이 아나토미Gray's Anatomy』 13장을 참고 바람.

72 레티넨 분자에 관한 이야기는 알렌 크로프Allen Kropf와 루스 허바드Ruth Hubbard의 「시각의 분자 이성질체Molecular Isomers in Vision」, <사이언티픽 아메리칸>, 1967년 6월 내용을 참고 바람. 본문 내용에서 매초 광자에 부딪히는 레티넨 분자의 수는 전체 숫자를 의미함. 여자에게 반사된 광자의 수는 위에서 설명하였음.

73 시각 정보가 뇌로 전달되는 과정과 뉴런, 시신경, 시각피질에 관한 내용은 데이비드 허벨David H. Hubel과 토르스텐 비젤Thorsten N, Wiesel의 「시각에 관한 뇌의 메커니즘Brain Mechanisms of Vision」, <사이언티픽 아메리칸>, 1979년 9월 자료를 참고 바람.

74 정상 조건에서 공기를 통과하는 소리의 속도는 초당 1,100피트(약 335미터)임.

75 귀의 구조는 『그레이 아나토미』 13장을 참고 바람.

주의력의 해부학적 구조

76 로버트 데시몬과 MIT에 있는 그의 사무실에서 인터뷰. 2014년 9월 17일.

77 「물체 기반 주의력의 신경 메커니즘Neural Mechanisms of Object-Based Attention」, <사이언스>, 344호, 6182번(2014년 4월), 424~427쪽.

불멸

78 안토니오 다마지오, 『일어난 일에 대한 느낌The Feeling of What Happens: Body and

Emotion in the Making of Consciousness』(뉴욕: Harcourt, 1999).

내 어린 날의 유령의 집

79   랠프 월도 에머슨, 『에세이, 제2시리즈』 중 「경험Experience」(1844).

무질서의 놀라운 힘

80   다음 영상을 참고 바람. https://www.youtube.com/watch?v=dORgAH1qDF8.

81   E. H. 곰브리치, 『질서의 감각』 2번째 개정판(런던: Phaidon, 1984), 9쪽.

82   아르키메데스의 부력의 원리: 『아르키메데스의 연구The Works of Archimedes』
      T. L. 헤스Heath 편집(뉴욕: Dover, 2002), 253쪽. https://en.wikipedia.org/wiki/
      On_Floating_Bodies 그리고 https://www.stmarys-ca.edu/sites/default/files/
      attachments/files/On_Floating_Bodies.pdf를 참고 바람.

83   소크라테스의 외형 묘사, 플라톤의 『테아이테토스Theaetetus』 143e와
      『향연Symposium』 215a-c, 216c-d, 221d-e / 크세노폰Xenopho의 「향연」 4.19, 5.5-
      7 / 아리스토파네스Aristophanes의 「구름Clouds」 362를 참고 바람.

84   『플라톤의 대화The Dialogues of Plato』 7권, 벤자민 조엣Benjamin Jowett 영문
      번역(시카고: Britannica Great Books, 1987), 124쪽.

85   앙리 푸앙카레, 『과학의 기초The Foundations of Science』, 조지 브루스
      할스테드George Bruce Halsted 영문 번역(뉴욕: Science PRess, 1913), 387쪽.

86   『과학 전기 완벽 사전Compelete Dictionary of Scientific Biography』, 26권(뉴욕: Charles
      Scribner's Sons)의 클라우지우스 파트에서 더 자세한 내용을 볼 수 있음. 아래
      주석에서도 참고 바람.

87   「부고 통지Obituary Notices」, <Proceedings of the Royal Society of London>, 48권.

88   1850년에 발표된 논문 「열원의 이동에 관하여On the Moving Source of Heat」, 윌리엄
      프랜시스 매기William Francis Magie 영문 번역. 『물리학 자료집A Source Book in
      Physics』(캠브리지, 매사추세츠: Harvard University Press, 1969), 228~236쪽. 이 책에는
      Wärme를 포함한 클라우지우스의 논문의 원제목이 모두 기재되어 있음.

89   이 내용은 '물리학에서의 CP위배CP violation'에 관한 것으로 이것이 무엇인지,
      어떻게 수많은 장소에서 입자와 반입자의 불균형을 초래하는지는 다음 자료에서
      확인할 수 있음. https://en.wikipedia.org/wiki/CP_violation.

90   그 예시는 개빈 헤인즈Gabin Haines의 「역마살 유전자, 정말로 있을까요?
      당신도 갖고 있습니까?The 'Wanderlust Gene'-Is It Real and Do You Have It?」, <The
      Telegraph>, 2017년 8월 3일 자에서 확인해 보기 바람.

91 위와 같음. 엡스타인의 기존 연구 논문 중 한 편은 다음과 같음. R. P. 엡스타인
외 다수,「참신함을 추구하는 인간의 성격 특성과 관련 있는 도파민 D4
수용체(D4DR) 엑손 III 다형성Dopamine Dr Receptor(D4DR) Exon III Polymorphism
Associated with the Human Personality Trait of Novelty Seeking」, <Nature Genetics>,
12호(1996) 78~80쪽. doi:10.1038/ng0196-78.

92 다양한 유튜브 영상을 통해 브루크너의 교향곡을 들을 수 있음.

기적

93 https://www.prnewswire.com/news-releases/americans-belief-in-god-miracles-
and-heaven-declines-236051651.html.

94 앨 고어,『위기의 지구Earth in the Balance』(보스턴: Houghton Mifflin, 1992), 223쪽.

95 오언 깅거리치와의 인터뷰. 2011년 7월 7일.

96 윌리엄 제임스,『종교적 경험의 다양성』(1902). BiblioBazaar 출판사의
개정판(2007) 60쪽의 Lecture 2를 참고 바람.

자연 속의 외로운 우리 집

97 https://www.ipcc.ch/report/ar5/wg2.

생명체는 정말 특별한가?

98 「또 다른 지구를 찾아 우주로 날아가는 케플러 미션Kepler Mission Rockets to Space
in Search of Other Earths」, 2009년 3월 6일, https://science.nasa.gov/science-news/
science-at-nasa/2009/06mar_keplerlaunch.

99 전문가들에 의하면 지구의 바이오매스biomass, 즉 살아 있는 생물체의 총 중량은
약 $2×10^{18}$그램이며, 생명체가 살 수 있는 행성을 가진 전형적인 별의 크기는
태양의 0.2배임. 이는 약 $2.5×10^{-15}$라는 거주 가능한 태양계에서의 생물량의
비율을 알려줌. 우주에 있는 태양계(보이는 형태)의 비율은 약 0.05로(나머지는 암흑
물질과 암흑 에너지) 모든 별의 10분의 1은 거주할 수 있는 행성을 가지고 있다는
의미. 이 숫자들을 모두 합하면 약 10^{-18}이라는 비율을 얻을 수 있음. 고비사막을
비유로 들기 위해, 나는 고비사막의 크기를 약 50만 평방마일로 보았으며, 약
$2×10^{-3}$제곱센티미터 크기의 전형적인 모래 알갱이를 고려하였음.

100 퓨 리서치 센터Pew Rewearch Center의 2015년 연구를 참고 바람. https://

(269)

www.pewresearch.org/fact-tank/2015/11/10/most-americans-believe-in-heaven-and-hell.

우주적 생물중심주의

101 프리먼 다이슨, 「끝없는 시간: 열린 우주에서의 물리학과 생물학」, <Modern Physics>, 51권, 3번(1979년 7월) 447쪽의 리뷰.

102 스티븐 와인버그, 『최초의 3분』(뉴욕: Basic Books, 1977).

103 위와 같음. 131쪽.

104 앤 핑크바이너Ann FinkBeiner, 블로그 <The Last Word on Nothing>에 수록된 글 「프리먼 다이슨, 90세가 되다」, 2013년 10월 7일.

105 「Kalpa」, <Tibetan Buddhist Encyclopedia>, http://tibetanbuddhistencyclopedia.com/en/index.php?title=Kalpa.

106 루크레티우스, 『사물의 본성에 관하여』(캠브리지, 매사추세츠: Harvard University Press, 1982), 2권, 1055~1057, 1074~1078절.

107 1952년 노벨평화상 수상 소감(https://www.nobelprize.org/prizes/peace/1952/ceremony-speech)과 알베르트 슈바이처의 자서전 『나의 삶과 생각Out of My Life and Thought』, C. T. 캠피언C. T. Campion 영문 번역(뉴욕: Holt, Reinhart, and Wilston, 1949), 157쪽을 참고 바람.

108 위와 같음.

무한을 아는 사람

109 무한 규모의 호텔은 '힐베르트의 호텔'에서 착안한 개념. 힐베르트의 호텔은 독일 수학자 데이비드 힐베르트David Hilbert가 무한의 비직관적인 특성들을 설명하기 위해 만들었음.

110 초기 그리스에서 다룬 무한에 대해 더 알고 싶다면 다음 책을 참고 바람. 엘리자베스 브리엔트Elizabeth Brient, 『무한의 내재성: 한스 블루멘베르크와 근대성의 문턱The Immanence of the Infinite: Hans Blumenberg and the Threshold to Modernity』(워싱턴 DC: Catholic University of America Press, 2002).

111 중국에서 생각하는 무한에 대한 개념에 대해 더 알고 싶다면 다음 자료를 참고 바람. 지앙 이Jiang Yi, 「무한의 개념과 중국 사상The Concept of Infinity and Chinese Thought」, <Journal of Chinese Philosophy> 35, 4번(2008년 12월) 561~570쪽.

112 아리스토텔레스의 잠재적인 무한 대 실제적인 무한에 관한 내용은 그의 저서 『물리학』, 3권, 6장을 참고 바람.

113 『신학의 총서Summa Theologiae』 영국 도미니카주의 신부들이 번역한 영문 번역본(Benziger Brothers, 1947), I.7.1.

114 데이스 초우Denise Chow, 「보이지 않는 끝: 무한의 존재에 관한 논쟁No End in Sight: Debating the Existence of Infinity」, <Live Science>, 2013년 6월 3일. https:// www.livescience.com/37077-infinity-existence-debate.html.

115 급팽창 이론에 대한 린데의 첫 번째 논문은 A. D. 린데, 「새로운 팽창 우주 시나리오: 수평성, 평탄성, 균질성, 등방성 및 원시 단극 문제의 가능성 있는 해결책A New Inflationary Universe Scenario: A Possible Solution of the Horizon, Flatness, Homogeneity, Isotropy and Primordial Monopole Problems」, <Physics Letters B>, 129호, 177쪽(1983) / 「영원히 존재하며 자기복제하는 혼돈 팽창 우주Externally Existing Self-reproducing Chaotic Inflationary Universe」, <Physics Letters B>, 175호, 395쪽(1986).

116 급팽창 이론에 대한 구스의 원 논문은 A. 구스, 「팽창 우주: 수평성과 평탄성 문제의 가능성 있는 해결책Inflationary Universes: A Possible Solution to the Horizon and Flatness Problems」, <Physical Review D>, 23호, 347쪽(1981). 주석: 여기서 보이는 '수평성' 문제는 본문 뒷부분에 우주 배경 복사의 균일성 문제로 다뤘던 내용임.

117 매사추세츠 캠브리지에서의 린데와의 인터뷰. 1987년 10월 22일. 다음 책에 그 내용이 들어 있음. 앨런 라이트먼과 로베르타 브로우어Roberta Brawer의 『오리진: 현대 우주학자들의 삶과 세상Origin: The Lives and Worlds of Modern Cosmologists』(캠브리지, 매사추세츠: Harvard University Press, 1990), 486~487쪽.

118 캘리포니아 스탠퍼드에 있는 린데의 자택에서 있었던 가장 최근의 인터뷰. 2019년 7월 10일. 본문의 이 부분에서 인용된 그의 말은 모두 이 인터뷰에서 가져옴.

119 2014년 카블리 재단을 위해 작성한 안드레이 린데의 자서전. https://cdn.sanity.io/ files/qpjzy3y9/production/9bf7341425299480678d5bff2ea455c5e8ca338b.pdf.

120 https://www.worldhistory.org/image/526/babylonian-map-of-the-world와 https://en.wikipedia.org/wiki/Babylonian_Map_of_the_World를 참고 바람.

121 힌두교 설화 「바가바타 푸라나」, 6.16.37. https://prabhupadabooks.com/ sb/6/16/37을 참고 바람.

122 https://www.youtube.com/watch?v=ZlfIVEy_YOA.

123 데니스 오버바이Dennis Overbye, 「우주의 파장이 빅뱅의 명백한 증거를 드러내다Space Ripples Reveal Big Bang Smoking Gun」, <뉴욕타임즈>, 2014년 3월 17일.

124 린데와의 인터뷰. 1987년 10월 22일. 라이트먼과 브로우어의 『오리진』에는 이 이야기가 나오지 않지만, 다음 사이트에서 전체 인터뷰 내용을 확인할 수 있음. https://www.aip.org/history-programs/niels-bohr-library/oral-histories/34321.

모든 것의 시작과 끝에 대한 사색

2022년 5월 27일 초판 1쇄 발행

지은이 앨런 라이트먼 **옮긴이** 송근아
펴낸이 이동국 **디자인** VUE

펴낸곳 (주)아이콤마
출판등록 2020년 6월 2일 제2020-000104호
주소 서울특별시 서초구 사평대로 140, 비1 102호(반포동, 코웰빌딩)
이메일 i-comma@naver.com **블로그** https://blog.naver.com/i-comma
인스타그램 https://www.instagram.com/icomma7

ⓒ 앨런 라이트먼, 2022
ISBN 979-11-970768-4-8 03400

이 책은 저작권법에 따라 보호받는 저작물이므로 무단 전재와 복제를 금합니다.
이 책 내용의 전부 또는 일부를 이용하고자 할 때는 반드시 저작권자와 (주)아이콤마의
허락을 받아야 합니다.
잘못되거나 파손된 책은 구입하신 서점에서 교환해 드립니다.
가격은 표지 뒷면에 있습니다.

(주)아이콤마는 독자 여러분의 소중한 원고를 기다리고 있습니다.
원고가 있으신 분은 i-comma@naver.com으로 간단한 집필 의도, 목차, 샘플 원고,
연락처를 보내주세요.
세상에 가치를 더하는 책, 최고의 양서로 독자 여러분과 만나고 싶습니다.